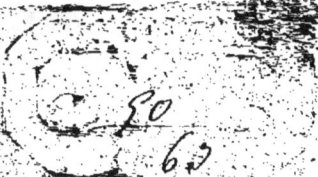

LE
VADE MECUM

DE

L'AGRICULTEUR PROVENÇAL

PAR M. GUILLON,

PROPRIÉTAIRE ET ANCIEN MAIRE.

DEUXIÈME ÉDITION.

DRAGUIGNAN,

1863.

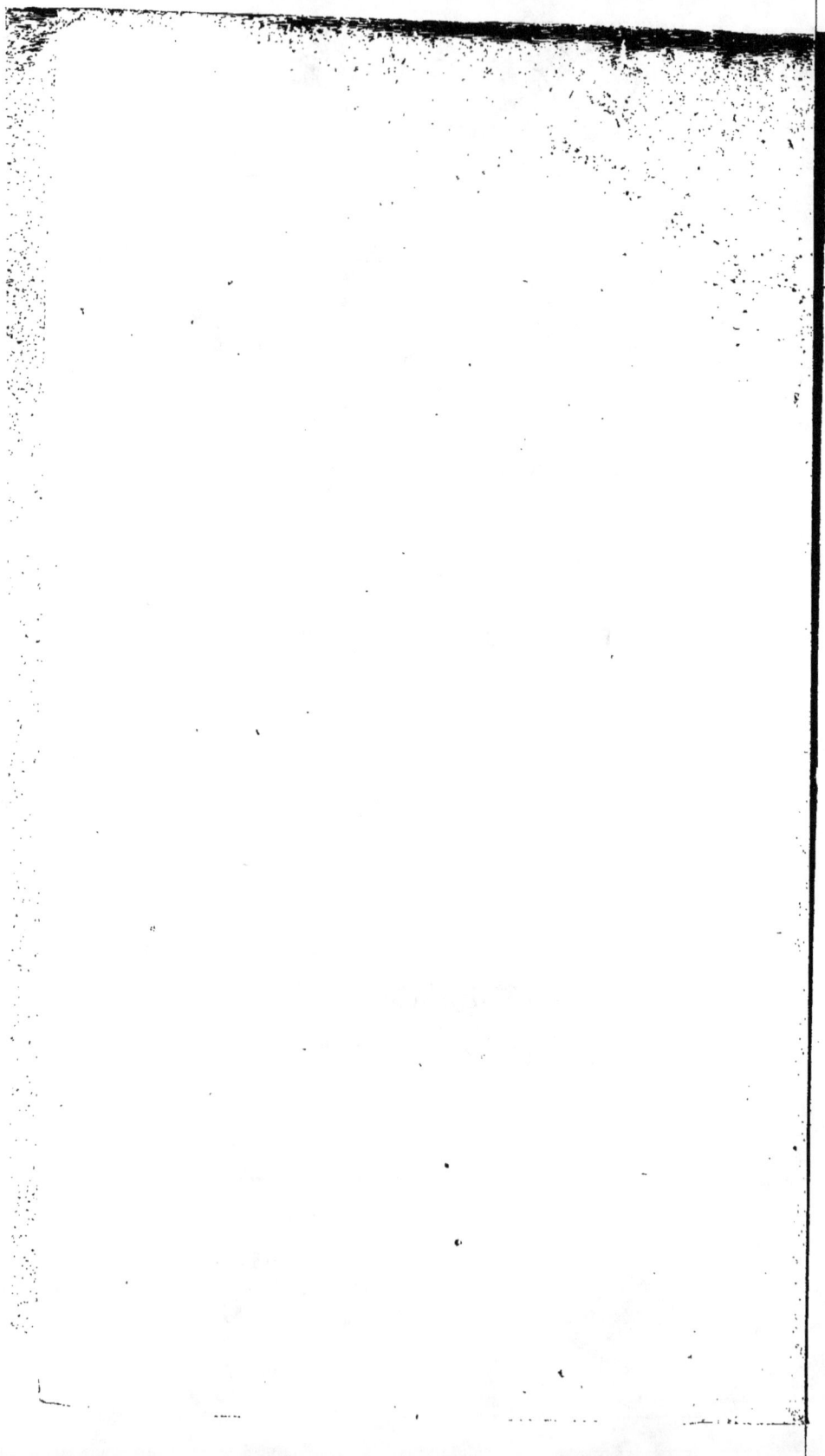

LE

VADE MECUM

DE

L'AGRICULTEUR PROVENÇAL

LE
VADE MECUM

DE

L'AGRICULTEUR PROVENÇAL

PAR M. GUILLON,

PROPRIÉTAIRE ET ANCIEN MAIRE.

DEUXIÈME ÉDITION.

DRAGUIGNAN,

IMPRIMERIE DE P. GIMBERT, PLACE DU ROSAIRE.

1863.

PRÉFACE.

—

En donnant la publicité à cet opuscule, intitulé LE VADE MECUM de l'Agriculteur Provençal, j'ai voulu essayer de combler, selon mes forces, une lacune que laissent les ouvrages d'agriculture plus sérieux et plus profonds, et écrits par la main de vrais maîtres. Ces ouvrages, faits généralement par des agriculteurs du Nord, ne traitant que de la culture spéciale à ces pays, laissent certains travaux de la Provence, sinon dans l'oubli, du moins dans le vague.

La vigne se cultive chez nous d'une manière différente, l'olivier leur est inconnu, et puis, à cause de la température, les travaux agricoles se font à toutes autres époques. En un mot, la culture provençale diffère sur bien des points de celle du Nord.

Cet opuscule a pour but d'obvier à ces différences et de traiter spécialement de l'agriculture du Midi.

C'est l'Épitome de l'agriculture provençale.

C'est de l'histoire ancienne, me répondront certains critiques et surtout certains savants en théorie. Je suis de leur avis ; je n'ai rien innové, ni rien créé. J'ai pris l'agriculture telle qu'elle se fait dans nos contrées, j'ai cherché à la faire aussi peu onéreuse, aussi rationnelle et productive que mes forces et mon intelligence l'ont permis. Je livre aujourd'hui au public mes résultats pratiques basés sur vingt-cinq ans d'expérience.

Ainsi donc, aux maîtres. cet opuscule ne leur apprendra rien, parce qu'ils en savent davantage.

A ceux qui n'ont que des notions incomplètes et vagues sur l'agriculture, il leur sera deut-être de quelque utilité.

Et à ceux qui débutent dans la vie agricole, il pourra leur servir de premier guide.

Heureux et satisfait si j'obtiens ce résultat, ce sera une preuve que j'aurai pu être de quelque utilité à mes semblables. C'est là tout mon but et mon seul désir.

———

Le produit intégral du VADE MECUM de l'agriculteur Provençal, est consacré à une société de Bienfaisance.

L'auteur renonce à tout bénéfice particulier, s'estimant heureux et satisfait, comme il a été dit ci-dessus, s'il a pû être utile à ses semblables. C'est là, il le repète, tout son but et son seul désir.

Ce but serait doublement atteint si le public Provençal lui réservait un accueil bienveillant et empressé ; il prouverait, par son adhésion, que cet ouvrage est réellement utile, et s'associerait, par sa souscription, à une acte essentiellement Philantropique et Populaire.

———

Il est certain et nul n'a songé à le mettre en doute, que la terre fertilisée par le soleil et l'eau, est la mère nourrice de toutes les récoltes, de tous les arbres, en un mot de tous les produits provenant du sol. Elle dit au cultivateur :

Aide-moi, je t'aiderai.

Prête-moi, je te paierai largement intérêts et capital.

Ne crains pas, avec tes instruments, de me sillonner en tous sens ; plus tu me sillonneras souvent, plus, tu trouveras mes trésors que je cache et que je réserve pour le laboureur actif et intelligent.

Ne fais jamais aucun travail sans réflexion, rends-toi un compte exact de tes expériences et de leurs résultats.

Rejette sans hésiter cette vieille routine, mon ennemie acharnée qui se met toujours au milieu de nous deux, pour arrêter et annihiler les bienfaits que je te destine.

Va! marche! et comme un phare lumineux j'éclairerai ta route par mon contentement ou mon mécontentement, suivant que tu auras bien ou mal fait.

Pénétré de la vérité de ces paroles, je me suis mis à l'œuvre pendant vingt-cinq ans, et je transcris aujourd'hui mes observations basées sur cette longue pratique.

Le Sol.

Le sol veut et exige des labours profonds et souvent renouvelés. Il n'est apte à bien recevoir la semence qu'on lui destine, qu'après avoir reçu au moins trois coups de charrue, dont deux à la charrue Dombasle ou modèle Dombasle, et le troisième à l'araire ou charrue romaine; ces labours ne doivent point être successifs, mais distancés; on doit les donner, autant que faire se peut, le premier en mars, le deuxième en mai et le troisième fin juillet ou au commencement d'août.

Aux premières pluies de septembre, il est d'une bonne agriculture de donner encore un coup de charrue pour détruire les mauvaises herbes que fait pousser l'humidité et que l'on laisserait mêlées avec le blé, qui doit se semer au mois d'octobre. Les labours d'été sont les meilleurs, ils détruisent mieux les mauvaises herbes, et font prendre le soleil à la terre, qui, à son tour, lui donne la fertilité.

Il faut éviter de labourer les terrains légers et sablonneux, avec la trop grande sécheresse. Les terrains compactes et argileux au contraire s'en contentent bien.

Le terrain que l'on destine au jardinage doit être préparé à la charrue ou à la pioche, ou au louchet en décembre; le terrain préparé ainsi à cette époque est rendu meuble et léger par le froid et se prête parfaitement à recevoir toutes les plantes potagères qu'on lui destine.

Le Blé.

Dès le commencement d'octobre, l'on doit quitter tous les autres travaux agricoles pour commencer les semailles; c'est l'époque où l'agriculteur doit dépenser le plus d'activité pour terminer le plus promptement possible sa besogne. Tout retard, une journée mal employée, peuvent quelquefois occasionner de grandes pertes.

On doit mépriser cette menace des vers qui peu-

vent attaquer vos blés , elle- n'est redoutable que·
pour les fainéants et les routiniers ; vingt-cinq ans·
d'expérience et d'observations m'ont appris que les
vers n'ont jamais enlevé le dixième de la récolte
tandis que j'ai vu et je vois tous les jours des laboureurs s'obstinant à ne semer qu'en novembre et
décembre, n'obtenir que des résultats insignifiants,.
pour ne pas dire nuls. Il y a un avantage incontestable à semer dans le courant d'octobre par les·
raisons suivantes :

1° Le blé semé en octobre, trouvant une terre
chaude, a germé au bout de trois ou quatre jours et
est à l'abri des pluies ;

2° Ce blé, quand les froids viennent en décembre
et en janvier, étant profondément enraciné, se rit
des dits froids ;

3° Semé en octobre, il est mûr dans la première
quinzaine de juin, avant les grandes chaleurs, ayant
eu tout le temps pour grandir et grainer à son aise
et donner raison à ce vieil adage que les agriculteurs doivent regarder comme un axiome : *Qu
primeiro , garbeiro*, qui sème premier a beaucoup
de gerbiers.

Tandis que le blé semé en fin novembre, et
en décembre, trouvant les terres froides et humides,.
reste au moins un mois avant de germer ; pendant.

ce laps de temps souvent il pleut et il se noie; les froids, le gel, le dégel arrivent après et soulevant la terre, le mettent à nu et une partie meurt; quelques mois après arrivent les grandes chaleurs qui trouvant ce blé en retard, le poussent rapidement, le dessèchent et le laboureur ne coupe qu'une tige rabougrie et un épi décharné et sans grain.

Dans nos contrées, le blé se sème à la volée, et on en jette, règle générale et terme moyen, cent soixante litres par hectare. Cette opération qui paraît d'une simplicité proverbiale, parce que tout le monde sème, exige cependant une adresse, une habileté dans les doigts, un coup d'œil juste de la part du semeur, pour distribuer également sur la surface du sol, la semence qu'il répand avec une certaine rapidité. Peu de semeurs s'acquittent irréprochablement de cette tâche; les uns ensemençant le sillon, jettent le blé tout d'un côté, de sorte qu'une partie du sillon a trop de semence et l'autre pas assez; d'autres jetant leur blé trop loin, sèment trop clair; d'autres enfin le jetant trop près, sèment trop dru. On obviera à ces inconvénients en jetant son blé à environ trois mètres devant soi et en ayant surtout bien le soin de le laisser échapper

de la main, non par un ni par deux doigts, mais
par les cinq doigts ouverts en même temps.

Il est difficile d'établir une règle invariable pour
déterminer d'une manière exacte, la quantité de
blé qu'exige un hectare de terrain à ensemencer.
La connaissance des lieux, la nature, la qualité
des terrains aident beaucoup à arriver à un à peu
près rationnel; les terres faibles, légères et sablon-
neuses, n'exigent guère que 112 litres par hectare,
tandis qu'un sol compacte, argileux et humide en
exige jusqu'à 190 et 200 litres. On rencontre parfois
des terrains sur lesquels, après avoir semé très dru,
l'on est encore obligé de semer de nouveau sur le
guéret.

Un champ à ensemencer est habituellement divisé
en soques, sillons, versannes et filagnes. Un agriculteur intelligent, doit avoir le soin de donner à la
soque 2ᵐ 50ᶜ de largeur; au sillon 5 mèt., il évitera
par là une perte de temps de la part des moissonneurs, qui seront ainsi tous occupés.

Le champ à ensemencer ayant reçu les trois coups
de charrue et même quatre quand on le peut, étant
apte à recevoir la semence, il n'est plus nécessaire
en semant de chercher à creuser; il est même de
mauvaise agriculture de trop enfouir son blé, il ne
doit l'être autant que possible qu'à six ou huit

centimètres. Les racines ne tendant pas à monter sur la terre, mais à y pénétrer, ce blé, dis-je, trouve un sous-sol bien amendé et jette alors rapidement et vigoureusement ses racines.

Il serait à souhaiter que l'agriculteur au lieu d'employer deux bêtes attelées au joug pour semer, les divisât et se servît de petites charrues Dombasle, et des Rinardons et Foureas. Cette manière de procéder offre les avantages suivants :

1° Au lieu de faire une charrue, on en fait deux, et au lieu de semer 40 ou 45 litres de blé, on en sème 80 ou 85 litres par jour;

2° Le terrain n'est jamais foulé par le pied du cheval, parce qu'il passe à côté de la raie ouverte et soulève toujours le sol sur lequel il passe;

3° Avec cette petite charrue, au lieu de passer quinze ou seize fois au sillon, on est obligé d'y passer dix-huit ou vingt fois, et le blé se trouve mieux disséminé sur toute l'étendue du sol;

4° Ces petits attraits aratoires ont l'avantage sur l'araire de n'enfouir le blé, qu'à six ou huit centimètres.

On a la mauvaise habitude dans nos contrées de se servir, après avoir labouré et semé le sillon pour égaliser le sol, d'un billot, vulgairement appelé le *ressigueiré*, la herse lui est préférable sous tous les rapports, le billot tasse la terre qu'on a soulevée; si le sol est humide il l'amoncelle, enfin il n'enfouit aucun grain; la herse au contraire, ameublit et égalise le terrain, achève d'enfouir le blé qui est encore sur le sol.

Il est même des propriétaires qui sèment une partie de leurs blés à la herse. Ce mode de semer réussit assez dans les terrains légers et sablonneux, mais non dans les terrains forts, compactes et rocailleux.

Sarcler les blés une fois c'est déjà bien coûteux, les sarcler deux fois c'est ruineux; on ferait bien dans ces derniers terrains de renoncer à semer du blé et d'y planter de la vigne à couloirs étroits de 2^m 50^c à 3 mètres de distance.

Quand les blés ne sont pas trop mélangés avec les mauvaises herbes, on doit attendre pour les nettoyer le mois d'avril. Ces plantes sont plus apparentes alors, on les arrache plus facilement et plus vite et elles servent pour fourrage. Il est à peu près reconnu que le produit de ce fourrage égalise la dépense.

Ceux qui veulent avoir un blé dégagé de tout mauvais grain, doivent encore deux ou trois jours avant la maturité des blés, prendre trois ou quatre enfants de 12 à 13 ans, et non des femmes, parce qu'avec leurs robes, elles font verser le blé, et tirer les vesces, l'ivraie, l'avoine, etc. Ce travail est très peu coûteux et se fait très vite.

Gardez-vous de couper le blé à complète maturité, c'est un vieux et bien mauvais système, et je vais vous le prouver.

1° Le blé coupé bien mûr s'égraine ;

2° Brûlé et surpris par le soleil, son grain n'est ni aussi nourri, ni aussi gros ;

3° Il ne contient pas la même quantité de glutten et de farine ;

4° Il oblige à employer immédiatement et dans un laps de temps très court, une masse de bras, au moment où les bras manquent et souvent arrivent à des prix ruineux ;

5° On ne peut pas se servir alors de la faux, qui est beaucoup plus économique, il faut nécessairement avoir recours à la faucille qui est plus dispendieuse.

Le blé doit être coupé dès que le grain commence à prendre la couleur jaune, on le met immédiatement en petits gerbiers de 150 à 200 gerbes, la sève que conserve encore la tige, et la chaleur qui pénètre facilement dans les petits gerbiers, l'amènent à complète maturité et le grain reste gros et bien nourri.

2

Huit jours après, on doit commencer à fouler ; le meilleur système dans nos contrées est, jusqu'à présent, celui qui a toujours été employé, c'est-à-dire, le fer des chevaux ; je ne conteste pas les résultats des machines à fouler, mais il n'est guère permis qu'aux grands propriétaires de les employer, et il ne m'est pas précisément démontré que dans la Provence, les machines aient quelques avantages sur les chevaux et sur les vents qui règnent régulièrement à cette époque. Ce qui est indispensable à tout propriétaire, c'est un tarare ou ventilateur dont le coût est de 120 à 125 francs.

Les aires sur lesquelles on foule les gerbes sont en gazons ou dallées, ou faites annuellement sur le chaume. Les aires dallées ou pavées, sont incontestablement préférables aux autres :

1° Elles facilitent le travail des chevaux ;

2° Par un temps de pluie, le blé craint moins de germer ;

3° Le grain est plus propre et a plus de lustre.

Les aires volantes ou faites sur le chaume exigent un travail assez coûteux, si l'on veut les établir convenablement et de manière à ne pas ramasser avec le blé des pierres et de la terre. Voici comment on doit les établir.

On forme sur le sol une circonférence proportionnée à l'importance de la récolte; on arrose, quand on le peut (ce qui est moins coûteux) ou on mouille avec des cornues le sol circonscrit, que l'on recouvre immédiatement par une légère couche de paille. Cette opération faite, on amène deux ou quatre chevaux, et on leur fait battre le terrain pendant deux heures environ, il faut avoir le soin de suivre le travail desdits chevaux, en jetant quelque peu d'eau et de la paille sous leurs pieds, suivant que le besoin se fait sentir et on finit par bien égaliser et bien battre le terrain avec des pioches, immédiatement après on apporte les gerbes sur cette aire.

Tout le monde connaît la manière de fouler les gerbes, avec les pieds des chevaux; il est difficile de donner des règles sûres pour déterminer la quantité de blé et de paille que peuvent fouler deux chevaux. Le résultat varie suivant la force et l'agilité des chevaux, l'adresse et l'intelligence des hommes, et surtout suivant que le blé est bien ou mal grainé. Il est cependant à peu près connu que l'on peut fouler de douze cents à quatorze cents kilogrammes de paille et de 9 à 11 hectolitres de blé, ou soit vieux système de 30 à 35 quintaux de paille et de 6 à 7 charges de blé.

On peut quelquefois obtenir un meilleur résultat

en augmentant le nombre d'hommes qui doivent
souvent et promptement tourner les gerbes, et dès
que la paille est brisée, former des chevalets un
peu espacés, en ayant le soin de bien tourner les
gerbes ou la paille de manière à ce qu'elle reçoive
bien le soleil. Ces travaux à bras facilitent celui des
chevaux.

L'on doit éviter de trop briser la paille, parce
que lorsqu'elle est presque réduite en état de pous-
sière, le suc qui est contenu dans les nœuds se
dessèche et la paille perd alors sa principale partie
nutritive.

Dès que le vent se lève on doit envoyer immédiatement tout son personnel à l'aire, et mettre en
pratique ce proverbe qui dit : *quand il fait du vent
il faut venter*; pour faciliter et avancer ce travail, il
faut que les femmes se suivent et marchent en soulevant la paille, les unes en dessous des autres, de
sorte que la première donne la paille à la deuxième,
la deuxième à la troisième, et l'on fait arriver ainsi
la paille à l'endroit où un homme forme les chevalets. Il faut bien éviter qu'elles fassent chacune leur
bande, alors elles ne font point courir la paille,
elles ne font ainsi que des trouées ou des tas de
ladite paille. Par ce travail souvent répété, on parvient facilement à séparer le grain d'avec la paille,

et ce qui donne le plus de peine et exige un vent
fort, c'est ce qu'on appelle vulgairement la grosse
paille. C'est alors que l'utilité du tarare se fait appré-
cier. Dans quelques heures, suivant l'importance de
l'irol, cette machine vous a complétement nettoyé
votre blé que l'on doit rentrer le plus tôt possible dans
le grenier.

On doit choisir à l'aire le blé destiné aux semailles d'octobre ; il existe au sujet de ce choix une
foule d'idées erronées qu'il serait bien long et su-
perflu de mentionner ; ayez seulement le soin de
jeter votre choix sur le blé bien propre, bien nourri,
et surtout à grains bien égaux, et ne vous inquiétez
nullement du terrain qui a pu le fournir.

On sème dans nos contrées diverses espèces de
blé, telles que la tuzelle blanche ou blé de Pontevés, la tuzelle rouge, la bladette, le blé de la
Malgue, la Richelle ; ces qualités sont généralement
les meilleures. C'est à l'agriculteur à connaître
quelle est l'espèce de ces blés qui convient le mieux
à son terrain : cette connaissance ne peut s'acquérir
que par l'expérience, et il est bien difficile d'établir
une règle sur les choix des blés, surtout quand l'on
sait que les terrains d'une seule commune diffèrent
essentiellement de nature et de qualité. Les blés de

Provence, terme moyen, ne dépassent pas le six pour un.

Le poids des blés varie suivant les terrains sur lesquels ils ont été récoltés et suivant leurs espèces.

Un terrain bien labouré, bien aéré et nu, donne le blé le plus pesant; un terrain au contraire mal cultivé le donne moins pesant.

Le blé semé sur chaume en retour est encore plus léger; un terrain ombragé ne donne qu'un blé mal nourri et de mauvais rendement.

Les qualités les plus pesantes, partant les meilleures sont : la tuzelle rouge, la bladette, le blé de la Malgue, enfin la richelle (le meilleur de tous), leur poids varie de 132 à 135 kilogrammes les 160 litres, ou soit vieux système 330 à 335 livres la charge.

Le blé blanc, la tuzelle blanche de Pontevés (à cause de la grosseur de son grain) ne pèse que de 126 à 130 kilog., et 315 à 325 livres la charge.

En résumé pour pouvoir espérer une bonne récolte en blé, il faut :

1° Avoir donné au moins trois coups de charrue au terrain que l'on va ensemencer;

2° Semer dans les premiers jours d'octobre;

3° Choisir une semence bien propre et à grains bien égaux;

4° Ne pas trop enfouir son blé et le semer d'une manière bien égale;

5° Dégager cette semence pendant l'hiver ou au printemps, des mauvaises herbes;

6° Ne pas couper le blé trop mûr.

C'est ici où la vérité de cette sentence profonde se réalise d'une manière palpable et manifeste :

On recueille ce que l'on a semé.

L'avoine.

L'avoine exige à peu près les mêmes travaux que le blé; cependant on peut la semer sur deux raies et même dans les terrains très gras où le blé verse, on la sème avec fruit sur le chaume.

Quand les pluies le permettent, il faut la semer dans les derniers jours de septembre, jamais après la fin d'octobre.

Les avoines de mars, dans nos contrées, ne donnent, sauf quelques rares exceptions, que des résultats insignifiants, et ce n'est que contrariés par les pluies et en désespoir de cause, que l'on doit se décider à jeter cette semence à cette époque.

On a l'habitude de choisir les terrains les plus maigres pour semer l'avoine; je crois qu'il vaudrait mieux y jeter du blé. L'avoine dans ces terrains là donne en fait un peu plus de rendement; mais comme la valeur de l'avoine est inférieure de moitié à celle du blé, l'avantage serait du côté de ce dernier; au reste c'est une question très secondaire. Un agriculteur intelligent ne doit pas hésiter à planter des vignes et à couloirs étroits dans ces terrains là, et les labourer sans les semer. Dans l'article vigne nous montrerons l'immense avantage qu'il en résulterait.

L'avoine doit être jetée dans un terrain gras, et principalement là où les blés versent; alors on obtient des rendements magnifiques, dépassant de beaucoup ceux des blés.

L'avoine, comme le blé, ne doit pas être coupée à complète maturité. On a l'habitude dès qu'elle est coupée de mettre les gerbes en tas ou *fasque*; placée de cette manière le soleil la blanchit, la dessèche et lui donne une mauvaise couleur paille; il vaut mieux mettre les gerbes en petits gerbiers, et après sept à huit jours, on élargit ces gerbiers et on met alors l'avoine en tas ou *fasque*. Pendant ce temps elle a mûri lentement, elle a augmenté de poids et elle a pris cette couleur grise recherchée par les caheteurs.

Il est inutile de dire que l'on ne doit fouler l'a-
voine qu'après le blé; tout le monde comprend
qu'il reste toujours sur l'aire une partie de la semence qu'on y a foulé, et alors le blé se trouverait
mélangé avec de nombreux grains d'avoine et per-
drait une partie de sa valeur. Le rendement de
l'avoine, terme moyen, est de dix pour un ; son
poids est de 86 à 88 kil. les 160 litres.

L'orge.

L'orge est le farineux le plus vorace ; il se fait en
très petite quantité dans nos contrées; il exige un
terrain largement fumé et se sème en fin septembre et en fin février; mais il réussit toujours mieux
semé en premier lieu; même culture que le blé et
l'avoine, moins le sarclage.

L'épeuctre.

L'épeuctre se cultive à peu près comme l'orge,
seulement elle se contente d'un terrain moins gras.

Le Seigle.

Le seigle est l'opposé de l'orge et de l'épeuctre.
On le sème sur des terrains qui ne peuvent nourrir

ni le blé ni l'avoine. Essentiellement agreste, frugal
et vigoureux, peu de terre lui suffit pour donner
un résultat assez satisfaisant; sa tige atteint facilement une hauteur de 1 m. 25 c. à 1 m. 50 c. et sert
principalement aux bourreliers. On doit le semer
très clair dans la 2ᵉ quinzaine de septembre; il
n'est guère cultivé que dans la Haute Provence.

La Fève.

Ce légumineux se sème partout; riches et pauvres en usent, presque à l'égal de la pomme de
terre; elle est pendant quelque temps la nourriture
de tout le monde. La fève réussit généralement
partout, mais comme toutes les autres plantes,
mieux elle est cultivée, plus elle donne de bons
résultats. Elle se sème habituellement sur le chaume et ne coûte partant aucune récolte; au lieu de
fatiguer le sol, il est reconnu qu'elle l'améliore, légèrement il est vrai; elle se sème à raie, fin septembre ou dans la première quinzaine de novembre; une femme suit la charrue et jette les fèves à
8 ou 10 centimètres de distance les unes des autres.
Il est à craindre pour les premières le froid qui
souvent les brûle, tandis que les dernières étant

moins avancées résistent mieux ; il est d'une bonne
agriculture de les semer aux deux époques.

On ne doit passer ni herse, ni billot, sur le guéret des fèves ; le terrain restant ainsi inégal et sou-
levé, facilite le binage de mars et se prête mieux à
chausser lesdites fèves. L'on a généralement l'habitude de cueillir à la main les alvéoles des fèves,
lorsqu'elles sont à peu près torréfiées par le soleil ;
c'est un système mauvais et très dispendieux ; il faut
comme pour le blé, lorsque les fèves approchent de
leur maturité, les arracher ou les faucher et les mettre ensuite en tas à l'aire, où elles finissent par mûrir
lentement ; après 8 ou 10 jours, on a le soin de les
tourner et de les faire sécher, et puis on les fait fouler par les chevaux ; ce système est moins coûteux et
plus expéditif. On doit immédiatement après labourer le terrain sur lequel étaient semées les fèves.

Les Ers, Lentilles, Garoutes, Jaisses.

Tous les légumineux ou farineux se font dans les
mauvais terrains à la fin septembre, à l'exception
des jaisses, qui réussissent assez bien en février.
Ce sont en général des lambeaux de récolte, et il
n'y a guère qu'un fermier ayant une nombreuse

famille qui puisse en retirer quelque avantage. Celui qui ferait faire ses semailles à la tâche, les
achetterait réellement à un prix plus élevé que
celui de la vente ordinaire. Le propriétaire possédant de semblables terrains, ne doit pas hésiter à
les planter de vignes, à couloirs très resserrés et à
renoncer à les semer.

Le Pasquier.

FOURRAGE AU SEC ET ANNUEL.

Ce fourrage artificiel est le plus répandu et le plus
commun ; c'est un mélange d'avoine et de quelques
pezotes, ou de chirol. Au commencement de septembre, on porte sur un terrain une quantité de
fumier, et aux premières pluies on l'enfouit et immédiatement après on sème le pasquier qui doit
être jeté très épais et très dru.

J'ai toujours remarqué que l'immense majorité
des agriculteurs et surtout des fermiers choisis-
saient le meilleur terrain pour faire le pasquier; ils
commettent ainsi une double sottise ; ils fument un
terrain qui n'a pas besoin d'engrais, et ils obtien-
nent sur ce terrain, trop gras, un fourrage à grosses
tiges, qui souvent verse et pourrit et que délaiss-
sent les chevaux. Et si au contraire, ils avaient eu

le soin de choisir un terrain maigre, ils auraient
amélioré ce terrain et obtenu un fourrage moins
abondant, il est vrai, mais de qualité bien supérieure, et dont les chevaux sont très friands et la
qualité supplée alors largement à la quantité.

Ce fourrage se coupe avec la faux à mi-grains,
c'est-à-dire, à demi-maturité, et dès qu'on l'a enlevé, il faut s'empresser de labourer le sol qui doit
se semer en blé au commencement d'octobre.

Les Pezotes ou Vesces.

FOURRAGE AU SEC ET ANNUEL.

Celui qui le premier introduisit la pezote rendit
incontestablement un service immense à l'agriculture, c'est le fourrage le plus facile à obtenir et
presque sans frais ni culture; la pezote réussit
généralement partout, à l'exception des terrains
humides ; elle n'exige ni fumure ni profond labour,
elle fume au contraire et amende le sol qui la nourrit; on la sème sur le chaume dans la dernière
quinzaine de septembre avec une petite charrue ou
avec le rinardon. On doit la mélanger en la semant,
avec quelques grains d'avoine qui lui font l'office
de tuteur pour soutenir ses nombreuses tiges.

La plupart des agriculteurs la jettent très clair-

semée ; c'est là une erreur ; il faut au contraire la
semer, je ne dis pas très dru, mais assez accom-
pagnée ; la pezote ainsi semée se soutient mieux,
verse moins, les tiges basses et rampantes ne
pourrissent pas autant et elles donnent alors un
fourrage plus abondant et de meilleure qualité. Il
faut la faucher à mi-grains et avoir le soin de la
bien faire sécher avant de la rentrer, ces alvéoles
exigeant beaucoup le soleil.

On doit labourer immédiatement le sol pour enfouir la légère couche de feuilles qui habituellement le recouvre.

Il est reconnu d'une manière certaine que la pezote ne veut pas être semée, à deux années d'in-
tervalle, sur le même terrain. Il faut rester, au moins
quatre ans, pour pouvoir compter sur une bonne
réussite.

Le Percet ou Sainfoin.

FOURRAGE AU SEC ET TRISANNUEL.

Cette plante fourragère a été d'un précieux secours pour l'agriculture ; comme la pezote, elle
venait partout excepté dans les terrains humides,
grès calcaire, sable, roc même, tout lui convenait
et partout si elle ne donnait pas un fourrage égale-

ment abondant, à coup sûr il était de bonne qualité.
On la sème en même temps que le blé, sur le guéret dudit blé, puis on l'enfouit à la herse. Le percet doit être semé très dru ; il faut, règle générale,
deux fois plus de semence que pour le blé, c'est-à-
dire, que là où l'on sème cent litres de blé, il en
faut deux cents de percet.

Le percet dure habituellement trois ou quatre
ans et offre l'avantage immense de faire un bon
terrain d'un mauvais, c'est-à-dire, qu'un champ
de sainfoin est ensemencé de blé après son défri-
chement, pendant trois ou quatre ans de suite, avec
de beaux résultats.

Il faut faucher le percet dès que le bas de sa
fleur tombe et commence à former la graine, ne le
tourner, autant que faire se peut, qu'une seule fois
et sur place ; il est des agriculteurs qui font suivre
le faucheur par deux femmes qui mettent en petites
bottes le percet et le laissent sécher ainsi sans le
remuer. Ce procédé est le meilleur.

Les regains du percet sont d'un très grand
secours pour la nourriture des brebis pendant l'hiver.
Seulement la première année, il faut avoir le soin, s'il
est possible, de ne pas y introduire le troupeau,
et à défaut le faire manger vite et ne plus y retourner.
(*Mangea et para*). A la fin janvier il est générale-

ment d'usage que les troupeaux ne doivent plus s'introduire dans les percets vieux.

Malheureusement depuis quelques années, tous les agriculteurs se plaignent de la difficulté de le faire germer; malgré la quantité de semence, il ne sort plus que par plantes rares et isolées et ne donne plus des résultats satisfaisants.

Propriétaires, agriculteurs et fermiers qui possédez des terrains secs, qui êtes privés de tout arrosage, cultivez avec soin et discernement les trois espèces de fourrages que je viens de vous mentionner, ils vous donneront la quantité voulue de foin pour bien nourrir vos chevaux, nécessaires à votre exploitation agricole.

N'oubliez jamais que plus le sol vous offre de difficultés, plus vous devez redoubler d'activité, d'intelligence et de tenacité, pour le soumettre et le rendre fertile.

Ne perdez pas de vue que le fourrage est le principe d'une bonne agriculture et qu'il vaut mieux, en quelque sorte, acheter le blé qu'acheter le foin et la paille.

Avec peu de fourrage, l'on n'a que des bêtes maigres et étiques, ne pouvant donner que ce qu'elles ont, c'est-à-dire, un mauvais travail, des labours superficiels et sans fruits.

Par cette culture abâtardie dans peu de temps les arbres dépérissent, les plantations de tous genres se rabougrissent, ne donnant plus que des résultats insignifiants ; le sol, dévoré par une foule de plantes improductives, ne nourrit plus qu'avec peine les céréales que vous lui confiez ; votre champ prend un aspect de stérilité et d'abandon pénible à voir, et bientôt le chiendent, les ronces, et la cohorte des parasites voraces, viennent insolemment et sans vergogne, jusques sur le seuil de votre porte, vous faire rougir de votre incurie et vous annoncer votre ruine.

Voulez-vous éviter cette triste réalité? Semez suivant l'importance de votre terre quelques ares de sainfoin que vous renouvellerez de temps en temps et à propps ; semez aussi annuellement de nombreux sillons de pezotes ; conservez avec soin vos engrais de l'été, pour qu'aux premières pluies de septembre, vous puissiez faire un large carré de pasquier ; soyez sobre et avare du fourrage, en juin et en juillet ; il arrive presque toujours que le surplus qu'une main imprévoyante et dissipatrice donne aux chevaux à cette époque, amène la disette et la famine en mars et en avril. Cela faisant, vos greniers regorgeront de fourrages, vos chevaux bien nourris seront frais et vigoureux et vous forceront en

3

quelque sorte à les faire travailler malgré vous ;
forts et agiles, ils vous laboureront rapidement
et profondément vos champs ; ils détruiront sans
peine, ronces, chiendents et autres mauvaises
plantes, et au bout d'un an ou deux, cette culture vigoureuse rendra la vie à la terre ; les produits reparaîtront et avec les produits, l'aisance, la
joie, et surtout la jouissance d'avoir métamor-
phosé votre champ, auquel vous vous attacherez
toujours davantage.

Les Prairies arrosables.

Les prairies arrosables se divisent en deux espèces, les prairies naturelles et les prairies artificielles.

Les prairies naturelles sont celles qui, datant
d'un temps immémorial, vont toujours continuant à
rester de la même nature. Comme Dieu, si toutefois il est permis de s'exprimer ainsi, elles n'ont pas
une existence changeante, mais cependant elles
sont commensurables.

A ces terrains privilégiés on ne peut apporter
aucune amélioration importante et notable ; cependant pour en augmenter le produit, les entretenir
dans un état toujours prospère, il faut y faire quel-

que légère dépense, y tenir les eaux d'arrosage pendant l'hiver, les fumer en février avec du terreau, tenir les rigoles et les fosses d'arrosage bien propres, ce qui facilite et simplifie cette opération; règle générale, les prairies naturelles ou vieilles ne se fauchent que trois fois.

Les Prairies artificielles arrosables.

Les prairies artificielles, exigent une dépense assez forte pour les établir convenablement. L'agriculteur, qui veut faire une prairie, doit choisir un terrain plat, assez égal, ayant une pente légère pour l'écoulement des eaux. Le choix fait, on doit fumer ce terrain en septembre ou en décembre. Un hectare exige au moins mille charges de fumier ou soit 1,200 quintaux métriques, et partant 50 ares, la moitié. Quand l'étendue du terrain le permet, il faut défoncer le sol et enfouir l'engrais avec la charrue à quatre bêtes; à défaut on emploie la pioche, ce qui est très coûteux. On peut se servir de la charrue lorsque le terrain a encore une étendue de 50 ares et même en dessous, si ce terrain là est un carré long.

L'on enfouit le fumier en septembre ou en décembre par un premier coup de charrue. A la fin septembre ou à la fin février l'on donne un autre coup de charrue, et si le terrain n'était pas assez meuble, on donnerait encore une raie avec l'araire; puis on divise son terrain en planches marquées par des ados, qui se font à la charrue ou à la pioche; puis après l'on sème la graine que l'on enfouit à la herse, ou au rinardon, ou à la pioche.

Là ou l'eau est abondante, les planches doivent être très larges et très resserrées, au contraire, là où il peut y avoir pénurie d'eau.

Précisément parce que vous établissez un pré, il ne faut pas craindre de jeter votre graine en abondance. Il est à remarquer qu'il ne reste au bout d'un an que les plantes que peut bien nourrir le terrain.

Dans les terrains maigres dont le sous sol est ingrat et ne se soumettant qu'avec peine à être converti en pré, il est d'une bonne pratique d'employer le système suivant:

Fumez et défoncez en février ces terrains; ensemencez-les de pommes de terre, de melons, de haricots noirs, etc. Au mois de septembre vous fumez de nouveau, mais plus légèrement, et dans le courant d'octobre vous jetez votre graine; la réussite est certaine et vous avez, pendant quelques années, des prairies d'une vigueur incroyable.

On emploie, règle générale, trois graines pour former un pré et donner un fourrage de bonne qualité : la luzerne, le trèfle et la fromentane. Pour donner un peu plus de fourrage à la première coupe, on ajoute quelques poignées de pezotes, mais jamais de l'avoine, cette plante se trouvant sur un sol bien amendé se développe d'une manière étonnante, étouffe les petites plantes qui l'entourent et forme ainsi un grand vide autour d'elle ; coupée en herbe, elle repousse de nouveau et poursuit jusqu'à la deuxième coupe sa mission destructive.

Ces prairies ainsi faites se fauchent quatre fois et donnent, terme moyen, 200 quintaux de foin par hectare ou soit 80 quintaux métriques ; il est indispensable de les fumer au moins tous les quatre ans, avec des engrais bien décomposés et bien menus, et surtout avec du terreau, qui les fume et les chausse en même temps, les fait rajeunir de nouveau et de nouveau elles vous donnent d'abondants fourrages.

Il est même des prairies, qui avec ces fumures, souvent répétées, deviennent prés vieux ou naturels.

Le trèfle et la fromentane exigent un arrosage

tous les huit jours et réussissent assez bien dans les terrains humides.

La Luzerne.

Une luzerne s'établit exactement comme la prairie ci-dessus ; un terrain profond, bien amendé et bien fumé vous assure la réussite.

La luzerne ayant une racine pivotante, s'enfonce profondément dans le sol et exige moins d'arrosage que le trèfle et la fromentane ; trois arrosages par coupes lui sont suffisants et même un arrosage plus fréquent lui serait nuisible.

La luzerne donne cinq coupes dans nos contrées, elle donne ainsi le même résultat que les prairies mélangées, c'est-à-dire, 200 quintaux métriques par hectare. On doit la couper dès qu'elle commence à pousser son regain nouveau.

A la deuxième, troisième et quatrième coupe, on ne doit plus toucher aux ondées ; la luzerne sèche ainsi sur place et conserve une belle couleur verte, et ce qui est plus précieux, toutes ses feuilles. On doit mettre tous ses soins à prolonger l'existence d'une prairie et ne la défricher que lorsque son produit n'offre plus un rendement convenable ; alors vous l'ensemencerez, pendant trois ou quatre ans consécutifs de blé où d'avoine et elle vous donnera une abondante récolte.

Il est des propriétaires qui les défrichent tous les quatre ans et les remplacent alternativement. Mais ce sont là les riches et partant les heureux de la terre, et à coup sûr des exceptions. Ils ont de vastes domaines, de nombreux hectares arrosables, de nombreux attelages et des masses d'engrais. Je ne blâme pas ce genre de culture, il est très productif et très rationnel ; mais seulement il n'est pas permis au petit propriétaire (qui est la règle générale) d'en user, parce que la quantité de terrain lui manque, les engrais lui font défaut, et l'établissement d'une prairie souvent répété est d'un revient trop lourd.

Il y a des propriétaires possédant des terrains calcaires ou sablonneux non arrosants, qui se prêtent parfaitement à la réussite d'une bonne luzernière. Ils doivent s'empresser d'y semer cette plante fourragère, qui leur donnera un produit assez satisfaisant ; cette luzerne leur procurera toujours trois coupes et quelquefois quatre, moins les frais d'arrosage.

Le Trèfle.

FOURRAGE ARROSANT ET BISANNUEL.

Cette plante fourragère se sème dans le blé, sur

le guéret, ou au mois de mars en sarclant le blé.
Elle réussit assez bien sur un sol arrosant de qualité
ordinaire, sans fumure. Elle réussit encore mieux
avec le fumier et dure davantage ; on l'enfouit à la
herse, on divise le terrain à la charrue, en planches
avec des ados, immédiatement après la moisson,
on l'arrose et il fournit encore deux coupes ; l'année
suivante il en fournit trois et on le défriche à la
charrue, immédiatement après la troisième coupe,
pour recevoir la semence d'octobre. Cette plante
amende et fume le terrain, ne coûte que fort peu
pour l'établir et donne un fourrage sain et abondant.

On doit dire à la louange des propriétaires possédant des terrains arrosants, qu'ils n'ont pas hésité
à créer des prairies abondantes, non seulement
pour leur fournir le fourrage nécessaire à leur
exploitation agricole, mais pour en livrer des quan-
tités importantes au commerce.

Les Jachères ou Veillades.

J'ai gardé le pire des fruits pour le dessert.

La Jachère ! ce foin des anciens, l'idole encore de
quelque rare routinier, tend, grâces à Dieu, à disparaître de nos champs.

Ce fourrage est un composé de toutes les mauvaises herbes, qu'engendre un champ mal cultivé;
en le laissant arriver jusqu'à sa maturité, pour
profiter quelques misérables bottes de foin, c'est
vouloir perpétuer à plaisir une prairie vivante de
mauvais grains, qui vous fatiguent et vous désolent
le sol; votre blé est en partie étouffé par ces plantes
qui lèvent à profusion; l'autre partie qui parvient à
échapper est une espèce de mêlée sans valeur. Tout
agriculteur intelligent doit renoncer, sans hésiter, à
ce genre de fourrage, et tout propriétaire doit
sévèrement en interdire l'usage à son fermier.

La Vigne.

La vigne est à cette époque le pactole de tous les
agriculteurs; quiconque a eu l'heureuse idée de
planter, récolte presque sans peine de l'or. Les
pessimistes, et surtout les égoïstes qui ont fait
d'immenses plantations s'écrient : vous plantez trop,
bientôt vous serez obligé d'arracher vos vignes. Non,
répondent avec raison les clairvoyants; plantons,
plantons toujours ! nous avons pour nous des débouchés immenses, les nouveaux traités de commerce,
les chemins de fer pour transporter rapidement et
sans secousses tous nos vins dans les pays les plus

éloignés. A l'idée que ces vins vont arriver, nos compatriotes du Nord font claquer les lèvres ; le front nuageux de nos bons amis les Anglais se déride ; les Germains et les Cosaques, dès qu'ils en auront goûté, en useront et en abuseront, et les vins, dussent-ils être cédés à 8 fr. l'hectolitre, donneront encore un produit plus sûr et plus facile que celui du blé et de l'huile ; plantons, plantons toujours !

Cu jouiné planto viei canto.

La vigne est l'arbuste le plus agreste ; elle prend par bouture avec une étonnante facilité et vient sans exceptions dans tous les terrains de la Basse-Provence.

Grès, calcaire, sable, pierres, rocs, tout lui convient, seulement ces diverses natures de terrain exigent, pour la faire prospérer, plus ou moins de culture et de dépense et le choix intelligent des espèces de provins.

Quant on veut planter un champ, il faut le diviser en couloirs ou filagnes, cette opération se fait à l'araire et de la manière suivante :

On place deux jalons, distancés d'un mètre aux deux extrémités dudit champ, d'eux autres au milieu et un laboureur tant soit peu adroit, tire alors avec la charrue deux lignes parallèles, et marque ainsi la place qui doit être défoncée. Cette opération se continue autant de fois que le champ peut contenir de filagnes.

On doit avoir le soin, en faisant ce tracé, de concilier le coup d'œil, l'exposition, la direction des filagnes, avec l'écoulement des eaux.

Un terrain de bonne qualité doit être planté par couloirs de cinq mètres de distance. Dans ces couloirs l'on peut encore parfaitement cultiver le blé.

Un terrain de qualité médiocre sera planté seulement à trois mètres de distance. Là, on doit renoncer à la culture du blé et ne plus labourer que pour la vigne; le produit que vous en retirez vous dédommage largement de la perte en blé, et je vais vous le démontrer.

Un hectare complanté à couloirs de cinq mètres exige 2,700 provins.

Un hectare planté à couloirs de trois mètres en exige 4,000, différence 1,300.

Il est généralement admis qu'un hectare contenant 2,700 provins, produit terme moyen 27 hectolitres, ou 40 charges de vin.

Un hectare contenant 4,000 provins, en faisant la part de la différence du terrain et de l'autre ajoutant le produit des 1,300 provins de plus, les

labours annuels qui suppléeront à la médiocrité
dudit terrain, vous obtiendrez un résultat à peu
près pareil et proportionnel, c'est-à-dire, au moins
34 hectolitres 66 litres, ou 50 charges de vin par
hectare.

Cet hectare ensemencé de blé vous produirait
tous les deux ans, le quatre pour un, ou soit 640
litres ou 4 charges de blé; levez 160 litres pour la
semence, la moitié pour les travaux, il vous reste
240 litres ou soit une charge et demie; à 40 fr. les
160 litres, 60 fr. tous les deux ans, et le produit est
de 30 fr. chaque année.

Le vin vous produirait 34 hectolitres et 66 litres,
qui vendu à 20 fr. l'hectolitre, font 693 fr. 20; ou à
10 fr. 346 fr. 60.

Les frais de labour, la taille, le piochage et les
frais de vendange et de décuvage, vous donneront
un total de 103 fr. 50, il vous reste donc 589 fr. 70
ou 243 fr. 10.

Vous perdez, il est vrai, 30 fr. par an d'un côté,
et de l'autre vous aurez obtenu, terme moyen,
416 fr. 15 c.

Aux agriculteurs qui tiennent aux blés, comme à
la prunelle de leurs yeux, je vais leur prouver que
la perte qu'ils éprouveront en plantant un champ de

bonne qualité, est essentiellement minime, pour ne pas dire insignifiante.

Un hectare de terrain nu exige habituellement 160 litres de blé en semence, la vigne sur un seul rang en prend, il est vrai, le dixième, ou soit 16 litres ou un panal. J'admets que ces terrains produisent le huit pour un; j'exagère; mais peu importe; c'est donc huit panaux de blé ou 128 litres qu'ils auront en moins tous les deux ans, moitié 64 litres ou 4 panaux, tous les deux ans, et par année 32 litres ou 2 panaux.

Or, un propriétaire qui ensemencerait dix hectares par an, éprouverait une perte de 320 litres ou deux charges de blé par année, ou soit 80 fr. Cette perte sera encore bien atténuée par les meilleurs labours que vous forceront à donner, malgré vous, les beaux produits de la vigne. Ces produits que voici vont faire disparaître cette perte insignifiante.

Il est hors de doute qu'une vigne plantée sur un terrain donnant le huit pour un, dépasserait à coup sûr le produit ci-dessous, qui n'est que le terme moyen. L'hectare à 2,700 plants produit 27 hectol., dix hectares produiront donc 270 hectolitres qui, vendus à 20 f., donneront 5,400 f., ou à 10 f. 2,700 fr., frais tous compris 450 fr.; il vous restera donc net 4,950 fr. ou 2,250, selon que les vins se vendrònt à ces cours ; vous aurez *peut-être* perdu 80 fr. et vous réaliserez d'un autre côté, terme moyen, 3,350.

Quel est l'agriculteur qui peut rester impassible et froid devant ce résultat d'une stricte exactitude ? Vous tous que le ciel a favorisés, mettez la main à l'œuvre, si vous ne l'avez déjà fait : riches, dépensez une partie de votre or à planter, et vous quintuplerez vos revenus ; propriétaires, à qui les fonds peuvent manquer, n'hésitez pas à emprunter pour planter la vigne, vous paierez il est vrai, le 5 p. 0|0, mais dans cinq à six ans vous aurez placé à votre tour cette somme au 50 p. 0|0. Dans ces placements vous ne craignez ni banqueroute, ni jeux de bourse, ni duperie, vous dépensez utilement votre argent, votre temps et votre activité, vous méritez bien de vos intérêts et de votre pays. Car vous aurez procuré ainsi, durant de longues années, le travail à ceux qui ne possèdent rien et qui n'ont que le produit de leurs bras pour unique ressource.

Manière de planter la vigne.

La vigne se plante de diverses manières, savoir :
A fossés ouverts, au pousse-avant, à la charrue et au sol défoncé en plein.

Un sol compacte et argileux doit être planté à fossés ouverts pour ameublir, autant que faire se peut, ce terrain. L'homme jette alors la terre sur les côtés du banc en ayant soin de mettre la première couche d'un côté, la seconde de l'autre; le fossé reste ainsi ouvert; ensuite lorsqu'on le comble, on a le soin de faire tomber la première couche, qui est la meilleure qualité de terre., au fond du banc et la deuxième après.; on aura le soin de cheviller dans ce terrain là le plant dit le *Mourvedé.*

Un terrain ordinaire et léger doit être planté au pousse-avant, c'est-à-dire, que l'homme, comme pour le fossé ouvert, défonce le terrain à un mètre de largeur et 50 centimètres de profondeur : rejette la terre qu'il soulève derrière lui, en ayant soin de mettre au fond la première couche, et forme ainsi l'encaissement de la vigne. Le *languedocien* et l'*uni* sont les plants qui conviennent à ces terrains-là.

Les terrains *rocailleux* se plantent aussi au pousse-avant, seulement il faut avoir le soin de donner plus de largeur aux fossés, le *pécouit-touart* ou *braqué*, y réussit très bien et doit être le plant préféré.

Les terrains légers ou sablonneux se plantent au pousse-avant ou à la charrue.

Il y a deux manières de planter, ou à la grande charrue ou à la charrue Bonnet, dite le défonceur.

Avec la grande charrue on attèle six chevaux, on prend 1^{m}50^c de largeur et l'on passe cinq fois pour défoncer le sol ; les deux premières raies, on arrive à peine à 30 ou 35 centimètres de profondeur ; les deux autres à 40 centimètres et la dernière facilement à 50 centimètres. On a le soin avant de cheviller le plant, de faire suivre par un homme le fossé ainsi préparé, et partout où la charrue n'a pas fonctionné d'une manière régulière, il y remédie avec la pioche ; après on fait tirer un cordeau et l'on plante à la cheville les provins à 75 centimètres de distance, les uns des autres. Dès que cette opération est terminée, une charrue attelée de deux chevaux, l'un devant l'autre, rejette de chaque côté la terre et chausse ainsi les provins ; un homme avec une large pioche, dite *eyssade*, donne le dernier coup de main à ce travail qui est le plus expéditif et le moins coûteux.

Avec la charrue Bonnet, le procédé diffère : on prend également 1^{m}50^c de largeur pour l'encaissement de la vigne, une charrue à deux colliers passe la première et creuse environ 25 centimètres. La charrue Bonnet à quatre colliers vient après, passant dans la même raie, et creusant encore

quelquefois, 15, 20, 25 centimètres, suivant la résis-
tance du sous-sol. Le fossé étant ainsi préparé, l'on
opère pour la plantation des provins de la même
manière que ci-dessus.

Le mode de plantation à fossés ouverts est le meilleur, mais il est le plus coûteux; il revient règle
générale, à 15 cent. le mètre, et le plant à 12 cent.
Le pousse-avant est moins coûteux, il revient à 6
cent. et le plant à 5; à la charrue le plant revient à
2 cent.

Il est des propriétaires qui, avant de planter la
vigne, font défoncer leurs terrains en plein à 50
centimètres de profondeur. Ce système de plantation est le meilleur, mais il est énormément coûteux, c'est presque du luxe.

Les terrains sablonneux et légers reçoivent bien
la *clairette*, l'*uni*, le *braquet* et le *languedocien*.

Le procédé de mettre les plants à la cheville avec
le cordeau, vaut bien mieux que de les faire placer
par des hommes au fur et à mesure qu'ils plantent,
par les raisons que voici :

Il y a une grande économie de temps et partant
de frais. Quiconque a fait planter a dû remarquer
le temps précieux que perdent les journaliers pour
tailler le plant, le redresser, le placer et surtout
l'aligner, et puis peine inutile, la première pluie

4.

détruit cet alignement si pénible et si coûteux. J'ai calculé, sans crainte d'exagération, que les journaliers perdaient le quart de leur travail à cette opération.

Le plant ne doit jamais être placé à plus de 40 centimètres de profondeur dans les terrains ordinaires et légers, et dans les terrains à sous-sol aqueux, à plus de 30 centimètres et toujours à 75 centimètres de distance les uns des autres et coupé à deux yeux sur terre.

Deux hommes et une femme, ayant tant soit peu la main faite à ce genre de travail, chevillent 2,500 à 2,700 plants par jour.

Je n'ai pas cru devoir parler des plantations sur deux rangs, ce système étant généralement abandonné et condamné avec juste raison.

On doit piocher et biner les jeunes plants au moins une ou deux fois s'il y a possibilité.

Il ne faut jamais semer en plein les couloirs d'une vigne, on ne doit les semer qu'un autre non, et là où le terrain est de médiocre qualité cesser sans hésitation tout ensemencement, mettre autant que faire se peut, du fumier ou du tourteau en semant les couloirs, le blé le reconnaît bien et la vigne témoigne sa gratitude, en vous donnant de beaux et magnifiques raisins.

Des labours profonds et fréquents facilitent le développement des vignes plus que la pioche même; il est certain que les racines, la deuxième année de leur plantation. quittent leurs caisses et tracent dans le sillon pour prendre leur nourriture.

La Taille de la Vigne.

La vigne peut se tailler depuis le commencement de décembre jusqu'en mars.

Les tailleurs de vigne, se servent dans nos contrées généralement de la serpe, il vaudrait beaucoup mieux qu'ils prissent l'habitude des ciseaux à deux mains. L'homme qui sait manier cet instrument, fait plus de travail et le fait mieux, il n'emporte et ne fend jamais le ceps, il enlève plus facilement le gros bois et surtout le bois mort.

Faut-il ou ne faut-il pas tailler la vigne la première année? Je suis sans hésiter pour l'affirmative. En effet, vous plantez des mûriers, des arbres fruitiers, etc., avec de nombreuses racines, et la première année vous vous empressez de les tailler, pour les soulager et leur donner plus de vigueur; pourquoi voudriez-vous que le provin que vous avez planté sans racines n'exigeât pas la même culture? Pourquoi lui laisser une foule de tiges et de pousses, qui à coup sûr le fatiguent et le retardent?

Pour mon compte j'ai toujours taillé mes plants la première année ; je suis très satisfait de ce procédé et j'engage les agriculteurs à le suivre, et à coup sûr leurs plants produiront plutôt que les autres.

Il faut autant que possible faire élever les souches sur trois ceps, ou têtes, formant une espèce de triangle vulgairement appelé *lou pé de sello;* à mesure qu'elles grandissent, il serait absurde de vouloir toujours les astreindre à ces trois ceps; le tailleur de vigne, suivant la force de ladite vigne, doit en laisser quatre, quelquefois cinq, tout comme il peut être obligé de la réduire à deux.

Il est des plants qui, vrais saules-pleureurs, rampent toujours sur le sol; ce sont les *unis.* Il faut en les taillant ne laisser que les ceps verticaux pour que la vigne s'élève aussi rapidement que possible. D'autres ne font des raisins qu'en leur laissant, outre leurs têtes, un long provin qu'on coupe légèrement par le bout, ce sont les *gourbons,* les *aragnans,* et les *couloubaoux.*

Le *languodocien,* l'*uni* et le *braquet* ou *pécouil touart,* étant très hâtifs, ne doivent se tailler qu'en dernier lieu, c'est-à-dire, au commencement de mars.

Le *morvède* est moins précoce et résiste mieux au froid; il peut se tailler dès le commencement de décembre ; il est reconnu que les plants ci-dessus sont les meilleurs , les plus précoces , les plus productifs et donnent l'abondance.

Le Piochage de la Vigne.

Dès que la vigne est taillée on la fait immédiatement déchausser ; cette opération se fait à la charrue, en attelant deux bêtes l'une devant l'autre et en passant une fois de chaque côté ; on ne laisse ainsi qu'un coup de bêche, et un homme vous pioche facilement alors mille plants par jour.

L'homme qui pioche doit égaliser rapidement la terre, bien chausser la souche, arracher soigneusement les racines qui sont presque sur terre, dites barbes, couper les tiges gourmandes qui viennent du bas de la souche, que le tailleur a quelquefois oublié, ou n'a pas pu couper.

Une vigne jusqu'à l'âge de quatre ans exige impérieusement le binage. Cette opération se fait très rapidement, il ne s'agit que de remuer légèrement le sol pour entretenir la fraîcheur et que d'arracher les quelques mauvaises herbes qui ont pu pousser dans la filagne.

Dès le mois de décembre on peut commencer à labourer la vigne ; plus elle recevra de labours plus

elle deviendra vigoureuse et vous donnera forcément de beaux produits.

Les Vendanges.

Cette opération commence, dans nos contrées, dès
le commencement de septembre et finit dès les premiers jours d'octobre. On emploie généralement des
femmes pour cueillir les raisins ; j'ai reconnu
qu'elles en coupaient chaque jour et par femme,
400 kilogrammes.

Il est inutile de dire que l'on doit toujours ven-
danger les vignes où le fruit est le plus mûr et les
plus vigoureuses, les dernières.

Au fur et à mesure que le raisin est coupé on le
met dans les cornues, et pour bien remplir ces
cornues il faut, la première fois qu'on les tasse,
avoir le soin de laisser au fond un vide de 12 à 15
centimètres, et les charrettes transportent ces cornues ainsi remplies à la cuve ; on les dépose dans
de grands cuviers, vulgairement appelés *courca-
douire ;* et là après avoir foulé, broyé avec les pieds
le raisin, on le fait tomber dans la cuve, où il reste
huit jours ; après on le soutire et on le met dans
les tonneaux qu'on a eu le soin de tenir prêts pour
le recevoir ; il faut avoir le soin de ne pas les rem-

plir jusqu'à la bonde, mais de manière et ce qu'ils puissent recevoir encore deux ou trois barils de vin du pressoir.

La grappe ou marc est soumise ensuite au pressoir et le vin qui en découle doit être réparti un peu dans chaque tonneau.

On ne doit boucher les tonneaux que lorsque le vin a tout-à-fait fini son ébullition; on emplit bien le tonneau et on le bouche hermétiquement.

Un quintal ou 40 kil. de raisins produisent habituellement de 29 à 30 litres de vin.

Une fois que le raisin a été soumis au pressoir, il ne reste plus que le résidu ou le marc; ce marc se vend alors aux distillateurs qui en retirent encore un produit assez avantageux; il est grand nombre de propriétaires et de fermiers qui ont pris l'habitude d'en faire la piquette vulgairement appelée *Trempe*. Voici le procédé pour obtenir cette piquette : à mesure que le marc est pressé, vous avez le soin de le mettre dans les cornues, et dès que la cuve est vidée, on s'empresse d'y remettre ce marc; un homme y descend alors, brise les mottes et ameublit bien le marc; immédiatement après vous mettez de l'eau jusqu'à ce qu'elle recouvre légèrement ce marc, vous bouchez alors hermétiquement votre cuve et deux jours après votre piquette peut se boire; j'engage vivement les propriétaires et les fermiers à faire cette piquette., s'ils ne la font déjà, qui est très agréable à boire et d'une économie fabuleuse.

Il est des propriétaires qui ne craignent pas chaque année, qu'il pleuve ou non, de mettre dans leurs cuves une grande quantité d'eau, prétendant que l'ébullition absorbe cette eau ; ils ont deux fois tort, ils trompent l'acheteur et se mettent partant ous le coup de la loi ; ils risquent de gâter leurs vins, si la vente en était retardée.

Une année de sécheresse, alors que les raisins n'ont presque pas reçu d'eau, il est permis, il est même nécessaire d'ajouter au vin qui va bouillir une légère quantité d'eau. Tout le monde sait que le vin se compose de trois parties qui lui sont absolument nécessaires, la partie alcoolique, la partie sucrée et la partie aqueuse. Ces trois parties doivent être en proportion relative pour faire ce qu'on appelle un bon vin livrable au commerce et à la consommation personnelle.

Un vin qui reste chargé et ne veut pas se dépouiller se clarifie avec le lait, en en mettant un litre par hectolitre, en ayant soin dès qu'on a versé le lait de remuer avec un roseau ou avec un bâton pendant quelque temps le vin ; quarante-huit heures après on le soutire et on le met dans un autre tonneau; il est rare que par ce procédé si simple, le dépouillement ne soit pas complet.

Si le vin tend à se tourner ou à s'aigrir, mettez immédiatement dans votre tonneau trois hecto-grammes de chaux vive par hectolitre, remuez comme dessus, continuez à boire votre vin sans le changer de tonneau, il reprend quarante-huit heures après son goût primitif.

Dès que vous aurez fait laver vos tonneaux, sé-chez-les avec une légère couche de plâtre blanc que l'on répand en tous sens dans les tonneaux. Ce plâtre blanc absorbe toute l'eau, bouche en même temps toutes les cavités ou trous que peut contenir l'intérieur du tonneau et augmente la force du vin.

La manière dont se fait la récolte des raisins et la manipulation du vin en Provence, laissent à désirer. Il y a à coup sûr beaucoup encore à faire, et d'importantes améliorations pourront être intro-duites. Le vin est en quelque sorte chez nous en état d'enfance. En effet, reportons-nous à quelques années en arrière et voyons ce qu'était la Provence, seulement en ce qui a trait à la vigne; on rencon-trait à des distances assez éloignées quelques plan-tations de vignes rares et isolées, il y avait partant peu de vin et les vins étaient délaissés ou vendus à des prix bien bas, et nos pères pour nous décourager à planter avaient souvent à la bouche ce fatal adage :

Qui veut planter et bâtir
Doit avoir l'argent à son plaisir.

L'oïdium qui a désolé certaines parties vinicoles, et même une partie de la Provence, les débouchés nouveaux, la consommation qui va toujours croissant, et les chemins de fer ont donné aux vins une valeur qu'il était difficile de prévoir.

En face de ces hauts prix, riches et pauvres se sont hâtés de sillonner leurs terrains par des filagnes de vignes; on a cherché les plants les plus productifs et surtout les plus hâtifs, pour avoir encore sa part de la hausse; en un mot, on n'a voulu que la quantité négligeant complètement la qualité; voilà pourquoi nous n'avons pour le moment que le *gros-bleu*, qui convient parfaitement au commerce, à l'ouvrier et à l'homme qui dépense par le travail beaucoup de force, mais qui flatte fort peu le gosier des amateurs.

Mais aujourd'hui que la quantité est obtenue, que les propriétaires ayant encore des terrains ou sol maigre, mais bien abrité et bien exposé, fassent un choix des meilleurs plants que fournit la Provence et les mettent dans ces terrains; qu'ils laissent bien mûrir les raisins; qu'ils les dégrappent; qu'ils apportent toutes améliorations qu'ils jugeront convenables, et sans nul doute ils auront du vin de première qualité, qui acquerra une juste renommée.

Le sol de la Provence demande à grands cris la vigne; son climat est doux et bienfaisant, le soleil l'éclaire et la fertilise aussi bien que la Gascogne, le Dauphiné ou toute autre province, pourquoi n'aurions-nous pas comme ces provinces des vins exquis et recherchés?

A l'œuvre donc, propriétaires, et le résultat dépassera à coup sûr vos prévisions.

Tout propriétaire qui se décide à faire une plantation importante, doit résolument et forcément être à la tête de ses planteurs, il ne doit se fier ni à un contre-maître, ni à un homme d'affaires; par sa seule présence les travaux se feront mieux et plus vîte, la plantation sera réellement faite d'après ses idées et ses vues, et à coup sûr il économisera le quart de la dépense.

En résumé, pour pouvoir compter sur une bonne récolte de raisins et faire prospérer les vignes, il faut :

1° Planter dans les terrains gras et compactes le *morvédé ;*

2° Dans les terrains ordinaires et légers, la *clairette*, le *languedocien* et l'*uni ;*

3° Dans les terrains maigres et rocailleux, le *pécouit touart* ou *braquet ;*

4° Tailler les provins la première année de leur plantation ;

5• Tailler la vigne vieille convenablement et lui laisser des ceps proportionnellement à sa force ;

6° Piocher une fois les vignes vieilles et jeunes et biner au moins une fois les jeunes ;

7° Dans les terrains médiocres, renoncer à les semer et continuer à bien les labourer ;

8° Ne les semer qu'une filagne autre non et jamais en plein ;

9• Leur donner des labours profonds et souvent répétés ;

10• Ne pas hésiter, quand on le peut, d'y aller souvent avec le tombereau regorgeant d'engrais.

L'Olivier.

L'emblème de la paix, le benjamin de nos pères a été longtemps l'arbre le plus recherché, mais il a été en partie détrôné par la vigne ; cependant son produit n'en est pas moins un des principaux de la basse Provence.

L'olivier prend par branches de sauvageon et il s'élève dans les pépinières. Celui qui voudra planter des oliviers fera bien de ne prendre que des sujets provenant desdites pépinières.

Comme tout le monde sait, l'olivier est très lent à pousser, comparativement aux autres arbres, et alors il est nécessaire de ne planter que des sujets vigoureux, de choix, bien enracinés qui grandissent aussi vite que possible et donnent au plus tôt une récolte quelconque.

L'olivier aime généralement un terrain chaud bien abrité, il vient sur les coteaux bien exposés au midi, ainsi que dans la plaine, il vient même sur les coteaux exposés au nord ; mais les résultats sont moins heureux et le fruit surtout donne moins de rendement en huile.

La variété des espèces d'oliviers est des plus nombreuses ; je me contenterai de désigner les principales, celles surtout qui, donnant réellement un beau et bon fruit, donnent en même temps la quantité et la qualité de l'huile, ce sont :

Le plant d'Entrecasteaux ou caillou, le Bécut, le plant de Figanières, le Rapuguet et le Ribier de Lorgues dans les terrains gras.

Le plant d'Entrecasteaux ou caillou, veut tous les quatre ans être rudement taillé; on prétend qu'il dit à son maître à ce sujet : fais-moi pauvre, je te ferai riche; en d'autres termes cet olivier n'apporte de fruits que sur le bois nouveau, et dès lors on ne doit rien négliger pour lui en procurer, et une taille vigoureuse amène ce résultat.

L'huile provenant des olives de cet arbre, est fine, fruitée et douce; détritée séparément, elle se vend dans nos contrées pour de l'huile d'Aix.

Le Bécut serait, sans contredit, le meilleur de tous les oliviers, s'il n'était d'un entretien difficile et coûteux et s'il ne fallait chaque année l'émonder; il demande une taille assez rigoureuse, mais un peu moins cependant que celle du plant d'Entrecasteaux, il donne beaucoup d'olives qui ne sont qu'huile et d'une saveur délicieuse.

Le plant de Figanières est un olivier à tiges retombantes, ressemblant tout à fait à un saule-pleureur; il est très difficile à faire remonter et on doit presque l'accepter tel qu'il se fait, se contentant de couper les branches trop rampantes et trop basses; on ne fait que l'émonder et c'est l'arbre qui donne la récolte la plus abondante en quantité, mais non en qualité.

Le Rapuguet est un plant très agreste et vient

bien partout, et partout il donne des fruits abon--
dants qui sont par grappes; c'est de là qu'il tire son
nom. Couronnez-le, ne faites que l'émonder, il est
toujours satisfait et il vous le prouve en vous donnant toujours des fruits abondants, seulement l'huile
en provenant est assez ordinaire.

Le Ribier de Lorgues, étant le plus grand de tous
les oliviers, doit nécessairement produire le plus
gros fruits; il est gourmand par excellence et ne
donne de bons résultats que dans les terrains gras
et profonds; il est l'opposé du plant d'Entrecasteaux
et ne porte ses fruits que sur bois vieux; aussi ne
doit-on le couronner qu'avec circonspection et se
contenter autant que faire se peut de l'émonder;
son olive quoique grosse fait une bonne huile qui
conserve avec le temps le goût du fruit mieux que
celle du plant d'Entrecasteaux.

Les oliviers doivent recevoir un premier coup de
charrue en janvier, le deuxième en mars et le troisième au commencement de juin, et éviter après de
les labourer avec la grande sécheresse; on doit, en
les piochant en mars ou en avril, enlever soigneusement les jets qui partent du tronc ou des racines
mères, et les petites racines presque sur terre, vulgairement appelées *barbes*.

Quand l'on veut fumer un olivier, on ne doit ja--

mais mettre le fumier contre le tronc de l'arbre et l'enfouir au coup de la pioche ; il faut former une circonférence autour de l'olivier, creuser jusqu'aux racines mères et jeter le fumier dessus, et après le recouvrir avec la terre que l'on a soulevée. Ce travail est plus coûteux , il est vrai, mais il est meilleur et de longue durée.

On doit tailler les oliviers en février et en mars ; l'émondage ou triage peut encore se faire avec fruit en avril.

. Les oliviers se greffent en février à la fente et en avril à la couronne et à l'écusson.

· On a généralement pris l'habitude de vendre les olives au lieu de les triturer; le propriétaire est ainsi débarrassé des soucis et des dépenses du moulin à huile; il deviendrait peut-être dès lors oiseux de parler de la manière dont s'obtient l'huile et des soins qu'elle exige, pour qu'elle soit abondante et de bonne qualité ; cependant je ne crois pas inutile de donner très sommairement les procédés générale-ment employés pour obtenir l'huile.

L'Huile de bouche.

Pour avoir de la bonne huile de bouche, il faut choisir les olives des sauvageons, si on a le malheur

d'en posséder, des bécuts et des plants d'Entrecasteaux, les cueillir à bref délai et les porter aussi
fraîches que possible au moulin, pour les soumettre à la trituration, vous obtenez ainsi à coup sûr,
une huile parfaite et suavement fruitée.

Il y a bien un peu de perte à détriter les olives
de cette manière, mais la qualité supérieure que
vous obtenez, vous en dédommage amplement.

Quand on veut faire de l'huile mangeable ordinaire, on met les olives que l'on cueille chaque jour dans
un local à compartiments étroits d'où l'eau puisse
s'échapper, et on les foule chaque soir; dès que vous
en avez une certaine quantité vous devez les détriter, l'olive ainsi tassée rend mieux son huile, seulement elle est moins bonne et moins fruitée.

Qand on a l'intention de vendre les olives, il
faut avoir le soin de les mettre dans un grand ap-
partement, ne pas les tasser et la couche des olives
ne doit jamais dépasser 10 à 12 centimètres d'é-
paisseur, et les vendre dès qu'il y en a une centaine
de doubles décalitres.

Il est certains pays dans le Var où la récolte des
olives est de la plus haute importance, et où aussi
les propriétaires non seulement ne prennent pas la
peine de détriter quelques doubles décalitres d'olives fraîches pour avoir de la bonne huile, mais ne

5

tassent pas leurs olives qu'ils mettent dans de grands appartements par couches de 25 à 30 centimètres d'épaisseur; là elles se sèchent et se chauffent à loisir, et finissent par donner une huile de fabrique, de sorte que dans ces pays littéralement tout huile; l'huile est immangeable.

Surveillance du moulin à huile.

1° Une fois les olives au moulin, il ne faut jamais mettre plus de 18 à 20 doubles décalitres dans la meule.

2° Ne pas trop laisser broyer la pâte.

Dans ces deux cas, l'action de l'eau bouillante ne se fait pas assez sentir : dans le premier cas, l'eau est refroidie par cette masse de pâte, et dans le second, l'eau est en partie repoussée par cette pâte trop compacte et trop gluante.

3° Avoir le soin de mettre toujours l'eau bien bouillante, non seulement dans la gorge, mais tout autour de l'espagnolet.

4° Bien surveiller l'opération du rubricage afin que les meuniers ameublissent et brisent bien dans leurs doigts la pâte des olives. Cette opération bien faite facilite l'action de l'eau bouillante.

5° Faire cueillir l'huile dans les cuviers ou tinet—

tes avant d'y jeter l'eau bouillante ; cette re-
commandation a un double but : 1° d'empêcher l'eau
bouillante d'enlever à l'huile une partie de son
bon goût ; 2° cette eau bouillante, une fois l'huile
lampante cueillie, tombe sur l'huile faible, la fait
dégager plus facilement d'avec l'eau et la fait monter plus facilement aussi à la surface.

7° Avoir autant d'attente ou *espéro* que possible ;
car plus on a d'attente, plus l'huile a le temps de
remonter sur l'eau.

Les meilleures qualités d'huile de la Provence,
sont celles d'Aix, en quantité infiniment minime ;
celles de Grasse, celles d'Entrecasteaux, de Varages
et de Cotignac, qui viennent souvent au secours
des huiles d'Aix, et celles du Cannet-du-Luc qui
apportent aussi leur contingent.

On faisait et on fait encore de l'huile vierge ; j'ai
reconnu et constaté d'une manière certaine que
cette huile meilleure et plus fruitée dans le principe, perdait avec les grandes chaleurs, sa qualité,
devenait forte et presque d'un goût désagréable. Et
cela s'explique facilement : cette huile, qui n'a pas
été parfaitement dépouillée ni épurée par l'eau bouillante, contient encore des parties aqueuses ou
autres, qui se putréfiant avec les grandes chaleurs
la détériorent et la rendent en quelque sorte de

qualité inférieure à celle qui a été ébouillantée. Règle générale, les olives cueillies avant la Noël donnent un rendement de 2 litres, et 1/2 et celles cueillies après le jour de l'an, 3 litres.

En résumé, pour avoir une bonne récolte d'olives, il faut :

1° Tailler tous les quatre ans les oliviers ;

2° Les élaguer ou les émonder tous les deux ans, suivant leurs espèces ;

3° Les fumer quand on le peut ;

4° Les labourer trois fois sans les semer ;

5° Les piocher et leur arracher soigneusement les petites racines qui les sucent et couper les rejetons parasites et rongeurs.

Pour avoir la qualité, il faut :

1° Choisir avec soin les espèces, les meilleures sont le Sauvageon, le Bécut et le plant d'Entrecasteaux ;

2° Les cueillir à bref délai et les détriter aussi fraîches que possible ;

3° Ne pas ébouillanter l'huile dans les tinettes ou cuviers.

Le Mûrier.

Si l'olivier fut le benjamin de nos pères, le mûrier a été choyé et idolâtré par nos mères, nos épouses et nos sœurs ; lui aussi a été un des puissants de la terre pendant de longues années, et aujourd'hui il est presque frappé d'ostracisme et de mort ; espérons que de meilleurs jours se lèveront encore pour lui, et qu'il reprendra tôt ou tard la haute position qu'il mérite d'occuper sous tous les rapports ; car la gatine comme l'oïdium doivent enfin disparaître un jour ; le bien étant de courte durée, il est impossible que le mal soit éternel.

Le mûrier vient par semis et s'élève après en pépinière ; il aime un terrain léger, sablonneux et un peu humide.

Il réussit peu dans les terrains compactes et argileux.

Dans le grès dur il reste toujours chétif et rabougri.

On ne doit tailler le mûrier que lorsqu'il compte trois ou quatre ans de plantation, en ayant le soin de le laisser élancer sur trois branches ; après ce laps de temps vous arrêtez ces branches à trente, quarante, cinquante centimètres, suivant la vigueur de l'arbre, et vous avez alors des tiges mères, vigoureuses, saines et sans cicatrice, et aux tailles d'après vous le laissez développer sur six tiges.

Quand le mûrier est arrivé à un certain développement, il faut fortement le couronner et mettre tous ses soins à faire prolonger ses branches horizontales et lui donner la plus grande circonférence possible; car plus il s'étend plus il donne des feuilles. Cette taille doit avoir lieu tous les quatre ans, et il est à remarquer qu'elle ne coûte rien, le bois payant largement les frais.

Il n'y a guère que trois sortes de mûriers cultivés dans nos contrées, ce sont le Sauvageon qui donne la feuille la meilleure et la plus soyeuse, la Pommette qui vient après, la grosse feuille d'Espagne, la moins bonne et la moins soyeuse de toutes.

Le Sauvageon ou pourrette se plante aussi en bordure à 1 mètre de distance et forme une haie. Sa feuille plus hâtive sert à nourrir les vers à soie dans leur première mûe et permet ainsi aux autres mûriers de développer les leurs.

Quand le mûrier est maladif il faut le tailler en février et quand il est vigoureux dans le courant de mai, c'est-à-dire, trois ou quatre jours après lui avoir enlevé la feuille. La sève refoulée par cet effeuillage disparaît complètement à cette époque et l'arbre ne perd pas inutilement une seule goutte de cette sève, qui doit lui servir à développer vigoureusement ses pousses à venir.

Je ne crois pas devoir parler dans cet opuscule de l'éducation des vers à soie, tout éleveur devant avoir chez lui les ouvrages de Dandolo, de Darcèt ou de tous autres maîtres.

La feuille de mûrier sert encore pour fourrage.
Au mois d'octobre, dès que les premières gelées la
font détacher on doit s'empresser de la cueillir et de
la transporter dans les greniers, et là vous faites
une couche de paille et une couche de feuilles suc-
cessivement répétées; cinq à six jours après, cette
feuille commence à fermenter et dès que la fermen-
tation se traduit par une chaleur assez forte, on
s'empresse de venter paille et feuilles pendant
quelque temps et à diverses reprises. Les chevaux
durant l'hiver mangent assez volontiers ce genre
de mêlée. Cette feuille donnée verte aux bœufs durant le mois d'octobre excelle pour les engraisser.

Le Figuier.

Le figuier comme l'olivier aime un climat chaud
et bien exposé, il vient bien surtout dans les coteaux
et donne là une récolte presque assurée; tandis
que dans la plaine et dans les terrains gras, il de-
vient trop vigoureux et ne mûrit son fruit que très
tard, c'est-à-dire, à la fin septembre, précisément
au moment des grandes pluies.

Le figuier se plante par bouture, voici la manière
usitée: on fait un trou de 1 mètre de large et 50
centimètres de profondeur, on coupe une branche

de figuier ayant trois jets, dont deux latéraux et un vertical ; on étend les deux jets latéraux que l'on recouvre de terre à environ 35 centimètres de profondeur et on laissse paraître et monter le jet vertical.

Il y a diverses espèces de figues, les plus estimées sont : la *marseillaise*, la *moissonne*, l'*aubique blanche* et la *figue d'or*, (comme apparat), la *finette* et la *bellone*.

Les figues se cueillent toutes à la main, puis on les étend sur des claies bien exposées au soleil, supportées par de longues barres, c'est ce qu'on appelle vulgairement un *graissier*. Il faut avoir le soin de les tourner quelquefois pour aider à l'action du soleil à les sécher le plus promptement possible ; dès qu'elles arrivent à un certain degré de macération, et de dessication on les met dans des paniers légèrement tassées, en ayant soin de séparer toujours les espèces ; quelques jours après on étend encore au soleil une heure ou deux ces figues et immédiatement après on les remet dans les corbeilles en les tassant et les pressant fortement et de là elles sont livrées à la vente ou à l'usage de la maison.

La vente des figues a lieu d'habitude à la foire de Saint-Martin à Brignoles.

Les prix ordinaires sont de 10 à 11 fr. les 40 kil.

Les figues sont appelées à augmenter de valeur

par l'établissement des chemins de fer, surtout les figues fleurs ou hâtives qui pourront être transportées fraîches dans les grandes villes les plus éloignées, rapidement et sans secousse.

L'Amandier.

L'amandier est un arbre très agreste qui vient dans tous les terrains ; il grandit même au milieu des rocs ; on l'obtient facilement par semis.

Il n'est guère cultivé dans la Basse Provence que comme arbre fruitier, c'est-à-dire, que chaque propriétaire en plante à peu près ce qu'il juge nécessaire à sa provision.

Il n'en est pas ainsi pour la Haute Provence où cet arbre est cultivé en grand et donne une récolte assez productive. On rencontre dans ces contrées de vastes terrains, tous complantés en quinconces et soigneusement labourés ; là, les amandiers sont d'une vigueur étonnante, et cet arbre, quoique très agreste a comme tous les autres arbres, mieux on le cultive, plus il produit.

Il y a à redouter pour lui les gelées de février et de mars, cet arbre étant très précoce et très hâtif ; on obvie à cette hâtivité en déterrant pendant l'hiver ses racines mères. L'action du froid retarde alors la sève ; il fleurit plus tard et la récolte de-vient ainsi moins chanceuse.

J'ose avancer qu'un amandier réduit donne plus de rendement qu'un olivier aussi réduit.

Je vois l'étonnement et l'incrédulité de tous les propriétaires d'oliviers ; mais que ces propriétaires comptent bien tous les frais que nécessite la récolte de l'olive, la taille et l'élagage, les labours, le pio-chage et souvent le binage, les engrais, les chances de récolte, le ver qui attaque le fruit et surtout la cueillette des petites olives, et ils verront que ce que j'avance n'est pas précisément une hérésie mais bien une vérité. Si ce n'était la différence du sol et du climat, je préférerais une plaine d'amandiers dans la Haute Provence à une plaine d'oliviers dans la Basse.

L'amande tendre est la plus recherchée pour la table, et l'amande dure rôtie au four est déli-cieuse.

Les amandes sont généralement vendues aux confiseurs et aux fabricants de nougats. Le prix moyen est de 2 fr. 50 cent. le double décalitre.

Le Noyer.

Le noyer est le plus grand de tous nos arbres de Provence. Très agreste et très vigoureux, il vient comme l'amandier par semis dans tous les terrains, seulement dans les terrains gras, légers et arrosants, il grandit rapidement et dans quelques années il atteint des proportions colossales.

Rare et isolé dans la Basse Provence, le noyer ne donne souvent, à cause des grandes chaleurs et de la sécheresse, qu'un fruit taré et verminéux; mais il réussit mieux dans la Haute où il donne une récolte saine et abondante.

Dans les Hautes et Basses Alpes, une partie des noix est vendue au commerce et de l'autre on en extrait l'huile.

Je plains sincèrement les personnes obligées à avaler cette huile, et à coup sûr elle ne servira amais à la salade des gastronomes, ni à l'usage de tout honnête homme qui tient à son gosier.

Le double décalitre de noix se vend ordinairement 3 fr.

Le Poirier sauvage.

Le poirier sauvage appelé *pérussier* abonde et pullule dans la Provence, principalement dans les terrains calcaires; la plus grande partie des propriétaires le laissent à tort à l'état sauvage, il devient ainsi un embarras pour l'agriculture et une nullité radicale comme produit.

Agriculteurs, croyez bien que Dieu n'a rien créé sans avoir un but, et si votre sol nourrit en masse des poiriers sauvages, c'est qu'il a voulu et veut encore que votre terre soit le pays privilégié des poires, il vous donne l'arbre tout fait, c'est à vous d'en tirer le meilleur parti.

A l'œuvre donc, greffez en février et à la fente tous vos poiriers sauvages qui deviendront dans quelques années un objet de produit et d'agrément.

On ne peut greffer sur ces arbres exposés au vent que des poires d'été ; les meilleures et les plus recherchées sont la *poire d'hermite* (précoce), la *cramoisine*, la *dorade*, la *rougette*, (pour la confiture), la *brute-bonne* et le *beurre blanc d'été*.

Le Châtaignier.

Le châtaignier est un arbre de haute futaie, qu¡ comme le noyer atteint avec le temps des proportions colossales ; il vient naturellement sur les collines des Maures, depuis Pignans jusqu'à Fréjus, n'exigeant qu'une taille insignifiante et encore à des intervalles très éloignés. C'est l'arbre le plus productif de tous les arbres à fruits, donnant chaque année, sinon une récolte en plein, du moins une bonne demi-récolte qui commence en octobre et finit en novembre.

Le châtaignier qui ne porte pas du fruit est aussi productif que celui qui en donne ; on le coupe et bien meilleur que le figuier, dont parle l'Evangile, au lieu de le brûler on le vend à des prix très élevés aux tonneliers.

Les marrons les plus renommés sont ceux des Mayons du Luc.

Avant de les livrer au commerce on en fait trois qualités : les passe-belles qui se vendent de 20 à 30 fr. les 40 kil., les marchandes, de 8 à 10 fr. et les petites de 4 à 5 fr.

Les Chênes à liège.

Cet arbre de haute futaie qui se trouve comme le châtaignier radiqué sur les collines des Maures et du littoral de la Méditerranée, c'est-à-dire, à partir d'Hyères jusqu'à Nice, donne un rendement très élevé, et, chose étrange, son produit provient d'une mutilation ou d'un déshabillement complet ; on lui lève l'écorce dont on fait les bouchons.

Il faut lever une première fois cette écorce qui s'appelle le *mâle* pour que la deuxième qui vient après soit apte à être livrée à la fabrication des bouchons, sans cette opération nommée le *démas-clage*, l'arbre resterait improductif.

Le chêne liége est ainsi déshabillé ou écorcé tous les dix ans environ.

C'est un de ces arbres rares auxquels on ne donne jamais rien et lui au contraire donne toujours.

Sur les collines des Maures et sur le littoral de la Méditerranée, les chênes à liége croissent habituellement au milieu des pins. Ceux qui ont eu l'heureuse idée de faire disparaître immédiatement tous leurs pins, de mettre leur terre en friche en changeant la nature de leur forêt, lui ont donné une valeur bien autrement importante. Car là où végétait un pin, dix chênes vigoureux l'ont remplacé et donnent aujourd'hui des produits fabuleux et à envier. Ils se sont mis en outre à l'abri des incendies qui dévorent si souvent les forêts résineuses et ruinent en quelques heures le propriétaire inepte et entêté qui n'a pas voulu suivre l'excellente voie que lui traçaient ses voisins.

Le liége se vend de 20 à 25 fr. les 140 kil., suivant les qualités, et donne lieu à un commerce très important.

Les Chênes verts.

Le chêne vert est aussi un arbre de haute futaie qui vient principalement dans les terrains calcaires.

Il acquiert, quand on le laisse vieillir, une taille gigantesque et majestueuse, qui est réellement l'emblême de la force.

On a généralement pris, avec raison, l'habitude de le mettre en coupes réglées, et tous les 16 ou 18 ans on les livre à la vente ; ils donnent ainsi un produit certain, sans culture et sans frais.

Le bois de chênes verts ainsi mis en coupes réglées ou bois taillis se vend ordinairement de 300 à 500 fr. l'hectare suivant qu'il est plus ou moins vigoureux et plus ou moins fourré ; il donne d'une coupe à l'autre des glands qui servent à la nourriture des troupeaux de moutons et à engraisser les porcs.

On défriche aussi les bois de chênes immédiatement après leur coupe, après aussi avoir obtenu l'autorisation préalable de l'agence forestière ; des travailleurs opèrent cette besogne en donnant au propriétaire le un sur trois du produit.

Ces défrichements rendent assez généralement le onze pour un et donnent ainsi une récolte très productive.

Les propriétaires ont pris l'habitude de fouler les gerbes ; outre le grain qui leur revient, ils récoltent une quantité importante de paille.

C'est du bois de chênes verts que l'on tire principalement les attraits aratoires, tels que timon, pied d'araire, aramon, joug, etc.

L'écorce appelée *tan* est livrée aux tanneurs; le bois est converti en charbon; on en extrait aussi le vinaigre, ou il sert de bois à brûler.

Les Chênes blancs.

Le chêne blanc est aussi un arbre de haute futaie; il est le moins productif et le plus vorace de tous les chênes; le tronc sert pour bois de construction pour les navires ou pour les traverses du chemin de fer, et les branches ne servent guère que pour bois à brûler; on les convertit aussi en charbon, mais il est loin de valoir celui des chênes verts; il fait aussi des glands qui servent à la nourriture des troupeaux.

Les Pins.

Le pin est un arbre de haute futaie qui se trouve radiqué sur tout le sol de la Provence; il se divise en trois espèces: les espèces dites pins pignons et pins communs, ou bâtards, viennent principalement sur le littoral et dans les terrains sablonneux ou de grès; celle dite pins blancs ou pin d'Alep vient dans le calcaire et dans la Haute Provence; ils

viennent par semis, mais bien mieux naturellement.

Le pin à pignons fait un fruit assez recherché
par les jeunes filles et les oisifs qui le mangent en
guise de passe-temps; cette espèce de pins se trouve
en grande quantité dans les terroirs de Vidauban et
du Cannet-du-Luc, où ils donnent lieu à un petit
commerce.

Son bois sert pour la construction des maisons;
du tronc on en fait des poutres que l'on équarrit
presque à vive arête, de manière à ne laisser que
le cœur, ce bois est ainsi d'une durée presque éter-
nelle. La menuiserie ne saurait l'utiliser parce que
les billots divisés en planches se déjettent toujours
et à pérpétuité. Son bois à brûler est le meilleur de
tous pour les chaudières.

Le pin commun ou bâtard est celui qui sert à la
menuiserie et à la maçonnerie; on doit avoir le soin
pour la menuiserie de choisir le bois à petites vei-
nes, provenant d'un sol maigre et bien exposé au
soleil, et ayant, une fois scié, la couleur de la cire.
Les plates, chevrons, carrés, doivent être, autant
que faire se peut, de la même qualité.

Gardez-vous d'employer le bois de pin provenant
des fonds gras, humides et situés au nord, vous

6

seriez dans quelques années infailliblement exposés à renouveler toute votre boiserie.

Les communes de Vidauban et de la Garde-Freinet fournissent les meilleurs pins.

Le pin blanc ou pin d'Alep sert à la construction et à la menuiserie, il est cependant moins bon pour poutre que le pin pignons et moins bon aussi que le pin bâtard pour bois de menuiserie et de bâtisse.

Toutes les branches provenant de ces diverses espèces de pins servent généralement à alimenter les chaudières des distillateurs et des filateurs ou les fabriques de poterie et de tuilerie.

Règle générale, quand vous abattrez vos arbres, choisissez pendant l'hiver un temps froid, sec, ou un jour où le mistral souffle violemment et moquez-vous des effets et de la période de la lune.

Le Peuplier.

Le peuplier est un arbre de haute futaie qui croît rapidement et atteint une hauteur extraordinaire; il vient habituellement le long des rivières et dans les lieux humides et prend par bouture.

Son bois nerveux et léger est le meilleur pour faire les poutres et les plateaux; il est aussi très recherché des charrons qui s'en servent pour faire les planchers des charrettes et les caisses des tombereaux.

Tous les propriétaires qui ont leurs terres longées ou traversées par des rivières, doivent cheviller des peupliers partout où il y a une place vide ; outre l'agrément qu'ils auront d'avoir un cours d'eau bien ombragé, ils auront celui, dans quelques années, d'en retirer un gros produit.

Le peuplier d'Italie croît plus rapidement et plus verticalement ; mais son bois moins nerveux et plus cassant est moins estimé.

L'Ozier.

Cet arbre, qui n'atteint pas une grande hauteur à cause de la taille qu'on lui imprime, prend par bouture et vient aux endroits humides au bord des fossés et des rivières.

Son bois que l'on coupe régulièrement chaque année se vend à de bons prix aux vanniers.

Les propriétaires qui ont été atteints par certains arrêtés préfectoraux, et qui ont les francs bords de leur rivière ou de leurs cours d'eau nus et dégarnis d'arbre, doivent, en se tenant à la distance voulue par les règlements, cheviller alternativement sur les francs bords des peupliers et d'oziers en ayant le soin d'entrelacer ces derniers; ils rendront ainsi leurs cours d'eau frais, riants, d'un coup d'œil très agréable et en même temps très productifs : et ils auront ainsi sagement appliqué l'adage latin :

Miscuit utile dulci.

Le Frêne.

Le frêne est un arbre de haute futaie très agreste et qui vient naturellement le long des rivières et dans les terrains aqueux ; il faut avoir le soin de l'émonder, de le faire élancer autant que possible et surtout de le débarrasser de temps à autre des ronces, qui le prenant pour tuteur, l'enveloppent et l'étouffent, pour ainsi dire, et nuisent ainsi horriblement à sa croissance. Son bois est très recherché des charrons, et se vend à des prix très élevés.

L'Ormeau.

L'ormeau est aussi un arbre de haute futaie qui vient sur les bords des rivières et dans les terrains humides.

C'est presque le compagnon inséparable du frêne; on le voit partout pousser côte à côte, entrelacer souvent leurs rameaux, s'élancer ensemble, en un

...ut vivre de la même vie et à la même table ; les charrons recherchent son bois qui a la même valeur que celui du frène.

Le Melon.

Je crois nécessaire de consacrer un article spécial à la culture des melons, qui réussissent parfaitement dans nos contrées, et qui, bien cultivés, donnent un bon rendement, et sont appelés par l'établissement du chemin de fer à avoir un débouché plus grand et plus productif.

Voulez-vous avoir une bonne melonnière ? Défoncez profondément votre terrain en décembre, soit à la grande charrue, soit à la pioche et enfouissez en même temps votre fumier, donnez encore un coup de charrue, et si vous avez pioché le terrain, un léger binage en mars.

Dans la première quinzaine d'avril, semez votre graine de melons ; vous disposerez votre terrain avant de jeter la semence de la manière suivante :

Vous ferez des trous espacés de 1 ^{m}·25^c· les uns des autres, et en ligne droite, pour pouvoir faire une rigole qui passera à côté de chaque trou et suffira pour l'arrosage des melons. Mettez votre graine après avoir légèrement remué le sol ; il faut chaque fois que vous avez mis cette graine avoir le soin de la tasser contre le sol avec le revers de la main et la recouvrir immédiatement d'une légère couche de terre et, ce qui vaut mieux, avec une poignée de terreau ou de détritus de feuilles.

Ce procédé fait lever facilement la graine, malgré les pluies qui sont à redouter à cette époque, le sol alors ne pouvant ni se serrer ni se tasser.

Dès que la plante a quelques feuilles, il faut s'empresser de couper la tige verticale et ne laisser que la latérale, cette opération s'appelle châtrer ou *cresta*. On fume et on bine légèrement et en même temps.

A la fin mai on les châtre de nouveau et on arrête même les tiges en les coupant par le bout pour les empêcher de dépenser leur force à nourrir des feuilles et des fleurs inutiles ; la sève refluant alors vers le fruit le fait grossir davantage. On les fume de nouveau en leur donnant le dernier binage.

L'engrais des vers à soie à cette époque excelle à les faire prospérer.

Il ne faut jamais laisser plus de deux plantes par trou et avoir le soin de ne jamais mêler les espèces. Les meilleures espèces de melons sont : le melon de Cavaillon (hâtif), le padouan, le cantaloux, le

melon d'Alger (d'automne) et le melon blanc
et vert d'hiver.

Repoussez hardiment et sans hésiter toute espèce
inconnue, elle ne tendrait qu'à faire dégénérer vos
produits et à ne vous donner que des fruits abâtar-
dis, mélangés, et toujours sans saveur ni parfum.

Le melon préfère un terrain profond et léger,
mais il vient généralement partout, en ayant le soin
au préalable de bien défoncer le terrain.

Les propriétaires qui ont planté des vignes dans
les terres arrosables, doivent y pratiquer ce genre
de culture et ils feront trois fois bien.

Ils fumeront et défonceront leur vigne.

Ils auront des fruits en abondance qui serviront
ou à leur table ou à la vente.

Et ils obtiendront après sur ce terrain une luxu-
riante récolte de blé.

Le melon d'Alger et le melon blanc d'hiver doivent être cueillis dans la première quinzaine d'août
pour se conserver bien et longtemps.

Les courges se cultivent de la même manière que
les melons, seulement il faut les espacer davantage
et ne pas les châtrer.

Le concombre et la pastèque se cultivent comme
le melon, moins le châtrage; le concombre exige
un arrosage plus fréquent.

Les Artichauts.

L'artichaut est un plant vivace qui prend facilement, mais il veut un terrain bien cultivé, bien défoncé, bien fumé, et surtout abrité et exposé au
soleil, il donne alors des fruits précoces, tendres
et gros.

On cheville les plants enracinés en septembre
ou en février ; l'année d'après, en octobre, on les
chausse avec du fumier ; en février, on enlève soigneusement les nombreux jets ou filles pour ne les
laisser que sur une seule tige ou deux au plus.

Les espèces cultivées sont l'artichaut précoce qui
donne son fruit en hiver.

Le sanguin ou *mourré dé cat* et l'artichaut blanc.

En plaçant deux morceaux de bois bien effilés
dans la tige en guise de croix à 4 ou 5 centimètres
du fruit, on obtient des artichauts toujours tendres
et d'une grosseur extraordinaire.

Les Pommes de terre.

Il est généralement admis que la pomme de terre
est la nourriture du pauvre ; mais son utilité est
tellement grande qu'elle s'introduit partout, même
sur la table des riches et des puissants de la terre.

Elle aime un terrain gras, profond, calcaire ou légèrement pierreux; c'est là qu'elle donne des produits réellement magnifiques, et j'ai vu chez un de mes parents, M. Esquier, de Flayosc, des pommes de terre pesant un kilogramme.

Dans le courant de décembre, il faut fumer et labourer ou piocher le terrain destiné à recevoir les pommes de terre.

Au sec, on doit les faire au commencement de février, en ayant le soin de choisir l'espèce dite quarantaine, qui réunit la qualité et la quantité à la hâtivité.

A l'arrosant, on doit les faire, une partie dans la dernière quinzaine de février et l'autre dans la dernière quinzaine de mars, en ayant le soin de les espacer de 30 centimètres environ les unes des autres.

On doit les couper par morceaux; il suffit que chaque morceau ait deux ou trois germes ou yeux pour donner le même résultat que la pomme de terre entière, et il y a partant une grande économie de semence.

On les fait ou à la charrue ou à la pioche; et quoique le terrain ait été fumé, il faut encore à mesure que la raie est ouverte les recouvrir d'une légère couche d'engrais, et là où les vers peuvent les ronger, mettre une faible quantité de tourteaux, c'est un excellent vermifuge.

Un binage et deux arrosages leur suffisent pour arriver à la maturité.

Il faut éviter de les arroser sans nécessité ; le trop d'humidité peut facilement leur développer des maladies et les faire pourrir rapidement.

Dans certaines contrées privilégiées où l'eau abonde, on en fait encore sur le chaume, immédiatement après avoir coupé le blé; elles donnent des résultats assez satisfaisants, mais elles exigent des arrosages plus fréquents.

On doit arracher les pommes de terre dès que les tiges ou fanes se dessèchent et les rentrer immédiatement.

Les qualités les plus recherchées sont la quarantaine (hâtive), la jaune ou gavote, la parisienne oblongue et légèrement rosée, et la blanche, la moins farineuse de toutes. -

Les Haricots blancs.

Ce graminée réussirait généralement partout dans les terrains arrosants, si ce n'étaient la rouille et le pou qui l'attaquent et le détruisent; il offre l'avantage quand il réussit, de donner beaucoup et dc prendre peu à la terre. Il veut un terrain gras mais non fumé immédiatement. Il faut avoir fait au moins une autre récolte quelconque sur un terrain fumé pour que le haricot blanc réussisse, et mettre le fumier en même temps que ce graminée c'est s'exposer à le voir jaunir et presque à coup sûr, dépérir.

Les haricots blancs se font à deux époques : sur le guéret et sur le chaume.

Sur le guéret : en décembre on prépare le terrain à la charrue, en mars on donne un deuxième coup de charrue et à la fin dudit mois ou aux premiers jours du mois d'avril on sème au rinardon les haricots blancs, qui ne veulent être que légèremeut enfouis ; on prétend à cet effet qu'ils veulent voir s'en aller celui qui les sème. On forme ensuite, avec des pioches ou des rateaux, des planches avec leurs ados, pour pouvoir les arroser. Ces planches doivent être proportionnées, quand à la largeur, au volume d'eau qui est à votre disposition.

On doit de préférence semer sur le guéret l'espèce dite gourmandon ; les alvéoles de ces haricots vulgairement appelés *bannètes*, sont d'un goût exquis, recherché, d'un écoulement facile et productif, et ceux que l'on récolte mûrs et secs, sont fins et savoureux.

On les bine une seule fois et ce binage est fait par des femmes.

Chaque fois que l'on fait une levée de haricots verts, on doit avoir le soin de les arroser immédiatement après.

Ces haricots réussissent généralement mieux que ceux faits sur le chaume, parce qu'il est rare que les eaux manquent à cette époque.

Sur le chaume : on doit faucher ou recommander aux moissonneurs de couper aussi bas que possible la tige du blé, radiquée sur le terrain que l'on destine aux haricots ; on arrose immédiatement la terre et deux jours après on les sème à l'araire ou au rinardon, en faisant aussi des planches avec leurs ados.

L'espèce dite quarantaine est celle que l'on doit choisir, parce qu'étant plus hâtive, elle a fourni sa récolte avant les pluies d'octobre.

Les haricots, faits sur chaume, exigent un arrosage tous les huit jours.

Si votre blé avait la rouille, il faut attendre au moins huit jours d'arroser le terrain, le soleil durant ce laps de temps absorbe et dévore cette rouille, sinon elle se communiquerait infailliblement à vos haricots.

Dès que la rouille ou le pou se montre dans

votre champ semé de haricots, arrachez sans hésiter
les plantes atteintes et portez-les bien loin, vous
parviendrez quelquefois à arrêter leurs effets désas-
treux par ce moyen.

N'entrez jamais dans vos planches de haricots
avec l'humidité, les brouillards ou la rosée, vous
les prédisposez à la rouille et au pou.

Les espèces les plus répandues sont :

Pour les jardins, les *madalenens*, les *bouquetiers*
qui résistent mieux aux dernières gelées blanches
d'avril, les *gourmandons* viennent après, et en
dernier lieu les *haricots-pois* qui résistent mieux
aux premiers froids d'octobre.

Pour le guéret, les *goumardons*.

Pour le chaume, les *quarantains* et le *haricot
blanc* ordinaire.

Le Haricot noir, le Haricot petit ou à l'œil noir.

Le *haricot petit*, se fait généralement au sec avec
ou sans fumier ; mais bien fumé il réussit toujours
mieux.

On donne un premier coup de charrue en février
au terrain à ensemencer, un deuxième en mars et à
la dernière quinzaine d'avril, un troisième à l'araire.

Dès le commencement de mai vous ˜semez au rinardon vos haricots très clairsemés et puis vous
égalisez votre terrain ou à la herse ou à la pioche.
Ils exigent deux forts sarclages pour enlever les
herbes et entretenir l'humidité. Une seule pluie
suffit pour les faire arriver à maturité, et donner
une abondante récolte.

On doit de préférence rechercher l'espèce à
l'œil roux ; elle est moins noire et plus engageante
à manger.

Arbres fruitiers.

Quand on veut établir un fruitier dans de bonnes
conditions, il faut choisir, autant que faire se peut,
un terrain arrosant, bien abrité, au sol profond et
léger que l'on défonce en plein à 50 centimètres de
profondeur, en enfouissant en même temps une
épaisse couche d'engrais, dont on a dû recouvrir le
sol.

Pour garantir votre fruitier des coups de vent ne
construisez jamais de murs en bâtisse, ils sont trop
coûteux et n'abritent point; le vent passe par-des-
sus, s'engouffre et vient tourbillonner dans le fruitier ; faites un mur de laurier-thym ou de tuyas,
mais surtout de tuyas. Cet arbre, à feuilles persis-
tantes et très touffues, grandit rapidement, se pré-

te à la taille et forme dans peu de temps un véritable mur de verdure. Au lieu de résister comme le
mur en bâtisse au coup de vent, il fléchit légèrement et le vent est forcé malgré lui de franchir le
fruitier, sans pouvoir s'y faire sentir.

Pour planter les tuyas on fait une caisse semblable à celle de la vigne et on les met à un mètre de
distance.

Quant au choix des arbres ou espèces et à leur
plantation, malgré l'intelligence, la pratique et le
goût du propriétaire, je crois que la présence d'un
jardinier-pépiniériste est indispensable; il peut
rester étranger à la division de votre fruitier, mais
il doit avoir la haute-main pour le choix des qualités
et la manière de les planter.

On forme, règle générale, en établissant un fruitier des plates-bandes, dans lesquelles on plante les
arbres à 5 mètres de distance et au milieu, c'est-à-
dire à 2 mètres 50, on y intercale un pêcher. Tout
le monde sait que le pêcher n'a qu'une existence
très courte et meurt souvent avant que les branches
et les racines des autres arbres fruitiers aient atteint
un développement, auquel il pourrait nuire, si sa
durée n'était pas si limitée.

Il faut les premières années tailler à chaque mois
de février les arbres fruitiers, les faire élever sur

trois branches et puis sur six, et leur donner la forme d'un entonnoir, en les vidant soigneusement dans l'intérieur; et à ceux que vous voulez élever en espalier, leur donner la forme d'un éventail ouvert.

Gardez-vous de semer vos plates-bandes, gardez-vous aussi de les piocher profondément, vous tueriez vos arbres et surtout les pêchers, vous dérangeriez ainsi leurs racines chevelues, et ils le redoutent souverainement; il faut les piocher très légèrement en mars et les biner plusieurs fois durant l'été.

Le pêcher, qui serait appelé à jouer un rôle important dans les produits agricoles de nos contrées, par l'établissement du chemin de fer, est malheureusement, depuis quelques années, atteint de diverses maladies à peu près incurables et mortelles. On parvient cependant à prolonger son existence par certains soins et par certaines cultures.

Il faut: 1° jusqu'à l'âge de six ans au moins les tailler régulièrement en février.

2° Dès que vous apercevez là gomme sur leurs branches, l'enlever soigneusement avec un couteau ou tout autre instrument.

3° Dès que les feuilles se roulent et jaunissent les enlever soi-même ou les faire enlever par des femmes.

4° Couper toutes les petites branches qui meurent d'une taille à l'autre.

5° S'ils sont trop chargés de fruits, ne pas hésiter à en pincer une grande quantité ; il est à remarquer qu'un pêcher meurt souvent après avoir dépensé toute sa force à nourrir des fruits trop abondants.

J'ai hésité pour savoir si je devais livrer à la publicité deux essais qui peuvent être d'un grand secours et de la plus grande utilité aux propriétaires possédant des vignes dévorées par l'oïdium et des pêchers atteints de la clôque et de la mousse.

Mon hésitation provient de ce que mes essais, ne datant que d'une année, ne peuvent pas en quelque sorte avoir un cachet de vérité manifeste, et être acceptés comme sûrs et infaillibles, malgré qu'ils aient été couronnés d'un succès et d'une réussite qui ne laissent rien à désirer.

L'égoïsme n'ayant jamais été mon lot, ne briguant pas l'honneur d'un brevet d'invention et n'écrivant le résultat de mes expériences en agriculture que dans le seul but d'être utile à mes semblables, je me décide à livrer à la connaissance de mes lecteurs ces deux essais qui m'ont parfaitement réussi.

Qu'il me soit seulement permis de n'indiquer

7

que sommairement ces procédés, sans commentaire de ma part, me réservant, dans quelques mois, par une brochure spéciale et détaillée, de faire connaître les résultats véridiques et précis de ces expériences.

Voici ces deux procédés.

1° Pour combattre l'oïdium il faut mettre au pied de chaque souche en mars ou dès les premiers jours d'avril, et principalement par un jour pluvieux, deux hectogrammes de chaux vive, (ou vieux système demi livre) légèrement concassée.

La chaux coûte 50 cent. les 40 kil.; avec 6 fr. vous aurez la chaux nécessaire pour un hectare de vigne, ou soit pour 2,700 souches.

2° Pour combattre la maladie des pêchers il faut dès que vous la reconnaissez sur un sujet, le couronner sans hésiter en février et le chausser immédiatement à 30 ou 35 centimètres de hauteur avec une terre végétale et *neuve*.

J'engage vivement les propriétaires à essayer ces deux procédés, et j'ose presque à coup sûr, leur prédire un heureux résultat.

Il est inutile de dire qu'un fruitier se compose de nombreuses espèces d'arbres, telles que poiriers, pruniers, pommiers, pêchers, etc., etc.

On doit planter et greffer partout où l'on a des

sujets, l'espèce dite le *cérisier du premier mai*. Ce fruit précoce et hâtif se vendait déjà à un prix très élevé (**2** fr. 50 et **3** fr. le kilog.), et il augmentera à coup sûr de valeur aujourd'hui que le chemin de fer traverse tout le département du Var. Et un champ complanté de ces cérisiers précoces donnerait incontestablement un résultat très heureux.

Les Plantes potagères.

Je n'ai pas la prétention de traiter en grand cette question qui est toute du domaine de l'horticulture, et qui exigerait à elle seule un long ouvrage. Je veux sommairement tracer les notions nécessaires pour avoir le jardinage qu'exige, soit une exploitation agricole ou soit une famille de cultivateurs.

Comme je l'ai dit au début de cet opuscule, le terrain a dû être préparé en décembre pour recevoir en février les premières plantes potagères. Et on aura le soin au fur et à mesure qu'on l'occupe de le diviser en carré, qui à son tour se subdivise en planches ou en raies.

Le propriétaire exploitant sa terre par lui-même, doit changer chaque année le terrain qu'il destine au jardinage, et s'il a un fermier, il doit imposer cette condition de changement; il obtiendra peut-être des résultats un peu moins satisfaisants, mais il aura l'avantage immense de fumer chaque année un bon carré de terrain ; tandis qu'un jardin à demeure fixe est une vraie fosse à fumier, dans laquelle viennent s'engloutir perpétuellement la plus grande et la meilleure partie des engrais de la ferme, il n'y a que les vrais jardiniers qui puissent trouver un avantage à une culture de cette espèce.

Travaux à faire et semence à mettre en terre chaque mois.

JANVIER.

Dans ce mois on continue à préparer le terrain qui doit être occupé le mois suivant. Il n'y a aucune plante à mettre en terre ni aucun semis, à cause des froids rigoureux qui règnent encore.

FÉVRIER.

Dès le commencement de février on doit faire les semis suivants : les poireaux, salades, betteraves, céleris, ognons, pommes-d'amour ou tomates.

Pour faire les semis ont doit avoir le soin de choisir le terrain le plus léger et le mieux abrité, les semis ne doivent être que légèrement enfouis.

On fait aussi des pommes de terre dites quarantaines ou *hâtives*, qui sont bonnes à manger dans la dernière quinzaine de mai, et sont d'un très grand secours lors de la moisson.

On plante des choux blancs, on cheville des salades et on fait encore des semis de radis et de carottes.

MARS.

On continue à cette époque les pommes de terre soit à la pioche, soit à la charrue; on sème des carottes et des radis.

Au commencement de la dernière quinzaine de mars on doit faire un ou deux carrés de haricots blancs, et à la fin faire en grand les haricots blancs sur le guéret.

AVRIL.

On doit semer les melons, les courges, les concombres, repiquer les pommes-d'amour, les aubergines et les piments, sarcler les haricots blancs faits en premier lieu et à la fin avril, sarcler ceux qu'on a semés en fin mars; on jette aussi dans ce mois le blé de Turquie, le maïs et l'orge perlé.

MAI.

On sème les haricots noirs ou petits à la charrue;

on plante les ognons qui doivent servir pour l'hiver; on jette des graines de radis dans les haricots
petits, on fait les semis des choux verts et de chi-
corée, on châtre, on fume et on pioche de nouveau
les melons.

JUIN.

On donne le premier binage aux haricots noirs;
on commence à cueillir les abattis ou bannettes des
haricots blancs; on arrache les aulx et les ognons
que l'on met en chaîne; on repique quelques céleris; on fait encore des carrés de haricots et on
donne le dernier binage aux haricots noirs.

JUILLET.

On fait les semis d'ognons pour l'hiver; on
plante les choux verts, les choux fleurs, les poireaux, les céleris, les betteraves, nouveaux semis
de carottes; on arrache les pommes de terre faites
en premier lieu; on choisit le terrain qui doit servir pour le jardinage d'automne et on commence à
le défoncer; on sème les haricots blancs sur le
chaume à l'araire.

AOUT.

On fait des semis de salades, d'épinards, de radis;
on finit d'arracher les pommes de terre; ou cueille

les haricots noirs; on sème les navets-raves et on
rentre les melons d'hiver.

SEPTEMBRE.

Il n'y a guère qu'à récolter dans ce mois-là et à
surveiller son jardinage; on jette encore quelques
épinards et salades.

OCTOBRE.

On plante les ognons qui doivent servir pour
l'été, les aulx; on sème les petits pois, quelques fèves premières; on peut aussi semer encore quelques
épinards et salades.

NOVEMBRE.

Il n'y a rien à faire dans ce mois à cause des froids
qui doivent arriver, si ce n'est des fèves.

DÉCEMBRE.

On doit préparer pendant ce mois le terrain nécessaire au jardinage du printemps et d'une partie
de l'été. On fait au sec les pommes de terre.

Engrais.

J'ai dit au début de cet opuscule que la terre

nous criait : Aide-moi, je t'aiderai. Un des meilleurs
et des plus puissants moyens pour l'aider, c'est de
faire beaucoup d'engrais. L'engrais donne la force,
la vie et le produit à tous les arbres et à toutes les
plantes.

Tous les propriétaires en général ont sous la
main de nombreux éléments pour obtenir en grande
quantité cet engrais si nécessaire : le ciste noir,
le thym, le romarin, l'aspic et le lentiscle, sont de
puissants auxiliaires, toujours prêts à leur donner
chaque année leurs tiges et leurs feuilles.

Dès le mois d'octobre, lorsqu'il pleut souvent et
que l'on ne peut point travailler le sol, envoyez
immédiatement tout votre personnel sur les collines
et armé de serpes, qu'il coupe sans relâche ces ar-
bustes à odeur forte, ces plantes aromatiques que
la nature a fait croître pour votre usage et fait
grandir sous votre main sans culture.

On doit avoir soin de placer cette litière ainsi
coupée sous un grand hangard, et les jours où la
pluie ne permet pas de vaquer aux travaux agricoles, on la fait couper à petits morceaux et on la
jette par couche de 20 à 25 centimètres près des
écuries, des bergeries, des abreuvoirs, partout en
un mot où chevaux et troupeaux font leur va-et-
vient continuels.

Ayez, autant que faire se peut, des cloaques en bâtisse pour que rien ne se perde ; établissez-les de manière à y faire arriver facilement l'eau courante, ou à défaut à pouvoir arroser le fumier sans trop perdre de temps. Ces cloaques contenant toujours l'eau facilitent extraordinairement la putréfaction des matières qu'on y entasse.

Par les grandes pluies, que les égouts de vos écuries, de vos bergeries, de la ferme ou du domaine soient dirigés par des rigoles sur les propriétés environnantes et les plus rapprochées. Évitez avec soin que ces eaux grasses se perdent sans fruit sur des chemins ou dans des ruisseaux.

Elevez et engraissez au moins deux porcs ; construisez leur loge de manière à ce qu'il y ait une partie élevée qui leur servira en quelque sorte de chambre à coucher, et une partie basse où l'eau doit toujours séjourner ; tenez-leur dans cette dernière de la litière à profusion, et ces deux porcs vous feront cent charges de fumier chacun.

En avril ne mettez plus la litière sous les brebis, mais chaque trois jours portez deux ou trois tombereaux de terre (suivant l'importance du troupeau) dans la bergerie ; étendez cette terre par couche de 1 à 2 centimètres ; continuez cette opération jusqu'à la fin mai, époque où partent les troupeaux.

transalpins ; vous ferez ainsi une grande quantité de terreau, engrais unique pour fumer et chausser toutes les prairies en général.

Conservez avec soin l'engrais provenant des pigeons, des poules et des lapins, il est unique et sans pareil pour le jardinage.

Renoncez à faire dépaître vos chevaux et vos bœufs dans les champs durant l'été, ils vous perdent un temps précieux et principalement tous les engrais.

Vous achèterez alors peu ou point de tourteaux, engrais annuel, très cher depuis quelque temps, qui craint pour sa réussite et les pluies et la sècheresse, qui épuise le sol en le forçant à dépenser immédiatement tout son sel et toute sa force, et que l'on ne doit employer qu'à défaut d'autres engrais.

Vous aurez une quantité considérable d'engrais de durée, suffisante pour fumer tous les quatre ans, la plus grande partie de vos terres.

Et le sol ainsi fumé et puis aidé par de profonds labours, ne pourra vous donner que de brillants résultats et vous vous écrierez avec le poëte :

Que l'homme des champs est heureux.

Lune.

Il existe un préjugé profondément enraciné com-

me le sont au reste tous les préjugés parmi les cultivateurs, sur la lune, et, chose pénible à dire, ce
préjugé se trouve même accrédité auprès de certaines personnes, ayant de l'instruction, de l'intelligence et une certaine position dans la Société.

Malgré les écrits populaires du savant et illustre
Arago, le compétent des compétents en cette ma-
tière, malgré les essais des grands maîtres de l'agriculture, malgré l'évidence et la facilité de l'épreuve,
ils continuent imperturbablement à attribuer à la
lune, une influence sans bornes, et ne font aucun
travail agricole sans la consulter. Il faut être en contact avec eux, et vivre pour ainsi dire de leur vie
pour avoir la mesure de leurs superstitions, et
de leurs idées grotesques et erronnées sur cette
lune.

Faut-il tailler la vigne, les oliviers? Consultons
avant tout l'almanach et sachons dans quelle période surtout se trouve la lune.

Faut-il semer les pommes de terre? Courons à
l'almanach.

Faut-il semer des haricots, des navets, des carottes mêmes? Vite une nouvelle consultation.

Quel est le jour de la semaine, et comment est
la lune? C'est un vendredi et la lune est nouvelle,
lui répond-on, alors je ne sème ni mon blé ni mes

fèves. L'autre ne veut pas cueillir ses figues uu vendredi et la lune étant nouvelle, *risum teneatis ne..*

Et dire que s'ils voulaient, ils pourraient chaque jour se convaincre des effets négatifs de la lune par les expériences les plus faciles et les moins coûteuses. Ces expériences les voici :

Quand ils sèment des pommes de terre, ils n'ont qu'à choisir un carré, et dans ce carré faire deux raies de pommes de terre en lune vieille, et deux jours après les deux autres raies en lune nouvelle, et à leur maturité ils s'assureront, sans effort d'intelligence, s'il y a la moindre différence dans les résultats.

Qu'ils taillent en février, 25 souches en lune vieille, 25 autres en lune nouvelle, de la même filagne et une autre non, et ils s'assureront quelques mois après s'il y a la moindre différence dans le bois et dans le fruit.

Qu'ils prennent quatre oliviers aussi rapprochés que possible, radiqués sur le même sol, de la même espèce, qu'ils les taillent aussi en février, qu'ils fassent la même expérience que pour la vigne, et ils acquerront la certitude que l'année d'après leur végétation sera parfaitement égale.

Je vais plus loin. Serait-il reconnu même que la lune aurait une influence sur les arbres, elle serait

nulle à l'époque de la taille. En effet, en janvier et
en février, époque où vous taillez la vigne ou les
oliviers, ces arbres sont complètement morts ; il
n'y a plus chez eux ni mouvement ni vie, ils sont à
cette époque tout à fait inertes. L'influence de la
lune ne peut rationnellement se faire sentir en ce
moment là, mais seulement au moment où la sève,
la vie reviendra à l'abre. Et quel sera l'agriculteur
assez puissant et assez habile, je vous le demande,
pour pouvoir faire coïncider à heure fixe, la lune
et la taille, avec l'arrivée de la sève, tout comme on
précise l'heure exacte de l'arrivée d'un convoi du
chemin de fer ?

Feu mon beau père Gasquet qui était un agriculteur très intelligent avait des impatiences et des
crispations nerveuses chaque fois qu'il entendait ses
domestiques ou ses journaliers vouloir consulter la
lune, et il leur disait avec un grand sang-froid :
— Dis-moi donc, mon brave, lorsque ton père et ta
mère t'ont mis au monde, ont-ils consulté la lune ?
— Je ne pense pas, lui répondait-on, un peu abruti
par cette demande. — Eh bien, alors, imbécile,
pourquoi la consultes-tu à chaque instant ?

Agriculteurs, qui avez encore la bonhomie de
croire aux influences de la lune, faites de bonne
foi les essais si simples et si faciles que je vous

propose, et vous serez fermement convaincus de ses
effets négatifs ; vous ne retarderez plus alors vos
travaux, vous les ferez au contraire en temps et
lieu, c'est-à-dire, en leur vraie saison et vous obtiendrez des résultats bien plus satisfaisants. Vous vous
débarrasserez en outre d'un préjugé et vous aurez
fait un pas de plus dans la voie des progrès et de
l'agriculture.

Produit d'une ferme de 20 hectares nue et puis complantée.

Le produit d'une ferme nue et non complantée
est facilement et vite connu.

On sème chaque année 10 charges de blé ou
1,600 hectolitres, qui produisent ordinairement le
5 pour 1 ou soit 50 charges ou 8,000 hectolitres.

Il faut prélever les semences, 10 charges ; la moitié
pour les travaux ; restent donc 20 charges qui à
40 fr. la charge ou les 160 litres représentent une
somme de 800 fr., et ci . . . . .   800 fr.

Herbes d'hiver : fèves, pommes de
terre, haricots, fruits, je force le total,
300 fr., et ci   300

TOTAL. . . 1,100 fr.

A coup sûr vous ne trouveriez pas une ferme
dans la Basse Provence, de la contenance de 20
hectares à terrains nus, et produisant le 5 pour 1
en blé, à moins de 40,000 fr. Vous auriez placé
vos fonds au 2 1/2 p. 0/0; aux yeux de l'immense
majorité vous auriez fait une très mauvaise affaire.

Possédez les simples éléments que contient le
Vade-Mecum de l'agriculteur provençal, et cet
achat, au lieu d'être onéreux, devient une brillante
affaire.

Vous planterez tout de suite 300 mûriers le long
de vos fossés ou de vos chemins qui longent ou
traversent votre ferme, dont le coût sera de 1 fr.
50 cent. (plantation et mûrier compris), ou soit 450
fr., et ci. . . . .   450 fr.

Vous planterez aussi promptement que
possible au pousse-avant 16 hectares de
vignes qui vous coûteront 5 cent. par
plants, ou soit 43,000 plants à 5 cent.,
2,150 fr., et ci.   2,150

Binage de 2 ans à 1,500 par jour,
155 fr., et ci.   155

A la troisième année ils vous paieront
bien et largement les frais de binage;
vous aurez encore ajouté à votre capital
un surcroit de dépenses s'élevant à

2,755 fr., et ci. . . . . 2,755 fr.

À dix ans vos vignes seront à peu près en plein rapport et vous produiront 432 hectolitres de vin, qui vendu à 10 fr. l'hectolitre seulement, vous donneront un revenu annuel et assuré de 4,320 fr., et ci. . . . . 4,320 fr.

Les mûriers ont aussi grandi et ils peuvent facilement donner 10 kil. de feuilles par chaque arbre, ou soit 3,000 kil. ou la feuille nécessaire à la nourriture de 4 onces de vers à soie. Il est à supposer que cette récolte pourra encore donner d'excellents résultats; mais prenons-là telle quelle est aujourd'hui, et estimons que chaque once ou 25 grammes ne donnent que 12 kil. de cocons. Les 4 onces donneront 48 kil., à 5 fr. le kil., donnent 240 fr. La moitié sera donc de 120 fr., et ci. 120

Sur les 4 hectares non plantés vous pourrez établir un fruitier, votre potager, et faire encore quelques récoltes qui entretiennent les besoins d'une ferme, et viennent en aide à une foule de petites dépenses domestiques et journalières que j'évalue à 100 fr., et ci. . . 100

TOTAL. . . . 4,540

Avec le produit du blé et autres récoltes que nous avons évaluées à 1,100 fr., vous pourrez faire tous les travaux qu'exige votre exploitation agricole, et il vous restera bien net le produit du vin, des vers à soie et de votre fruitier et potager, vous donnant le total 5,545 fr. Ce sera donc un placement au 9 p. 0|0, et ce terrain sur lequel vous aurez jeté à propos 4 ou 5,000 fr. aura triplé de valeur.

Il n'y a point à s'y méprendre, l'agriculture faite avec intelligence et avec économie est un commerce aussi, dont le gain est presque toujours assuré, et n'exige pas cette grande perspicacité, qui parfois est mise en défaut et fait éprouver des secousses et des revers terribles.

Capital et objets indispensables à l'exploitation d'une ferme agricole de 20 hectares.

Il faut :

1. 250 quintaux ou 1,000 kil. de mêlée (foin et paille.

2. 30 charges d'avoine ou 4,800 litres.

3. Deux chevaux forts et vigoureux, race percheronne ou de St-Bonnet.

4. Trois charrues, dont une à deux colliers et

8

deux à un collier avec leurs panoniers, avec leurs socs de rechanges.

5. Un araire dit auramon avec un soc de rechange.

6. Trois petits araires dits rinardon pour semer, avec leurs socs.

7. Une herse en fer ou en bois.

8. Deux béchards, deux pics, deux eissades et une pioche pour le potager.

9. Un levier et une massue en fer.

10. Une charrette dite charreton.

11. Un tombereau.

12. Une brouette.

13. Une civière.

44 Quelques outils de charpentier.

15. Les harnais complets de la charrette et deux colliers en sus pour labourer.

16. 24 cornues pour les vendanges.

17. Deux faux avec leurs rateaux, modèles de M. de Musset, pour faucher les blés.

18. Quatre faucilles, dont deux pour moissonner et deux autres dites sarrons pour couper la litière.

19. Deux ciseaux ou deux serpes pour tailler la vigne.

20. Deux rateaux pour les fourrages et un d'une plus grande dimension pour rateler les épis.

21. 6 fourches pour les foins et l'aire.

22. 12 draps en toile pour le charroi du foin et de la paille.

23. 40 sacs pour les denrées de tous genres.

24. Six draps de corde.

25. Un tarare ou ventilateur dont le coût est de 120 fr.

26. Une douzaine de couffes et quelques corbeilles dits *canesteou* .

Le tout évalué ensemble se traduit par le chiffre de 3,500 fr. environ. Il est d'une agriculture prévoyante et sage de confier ces objets aux domestiques avec inventaire, et ces derniers en ont la responsabilité en tant que lesdits objets ne s'usent ou ne se brisent pas.

Y a-t-il avantage à remplacer les bœufs et les mulets par les chevaux dans une exploitation agricole?

Cette question qui paraît d'une valeur assez secondaire et d'une utilité assez vague, a cependant une grande importance en agriculture, et je vais essayer de le démontrer.

Je ne songerai pas à contester et l'antiquité et le blason de la famille bovine ; je ne leur reprocherai pas de ne pas descendre en ligne directe de Robert Bruce ou de l'introuvable Pomponius Bassus, ils ont

une origine plus certaine et plus antique; ils viennent directement des premiers hébreux et voire
même des chinois.

Je sais que le bœuf a été le compagnon inséparable des premiers pasteurs, je sais aussi qu'il a eu
toute l'affection du romain Cincinnatus, plusieurs
fois consul ; je sais encore que les rois francs l'atte-
laient de préférence, par prédilection et par quatre à
leur royale charrette. Malgré cette affection de haut
lieu, malgré ce patronage si puissant et si antique,
je n'éprouve pour lui qu'une estime assez médiocre.

Oui ; il est noble tant que vous voudrez, par sa
vieille race et par sa force; mais il tâche son blason
par ses défauts, son ineptie, et surtout par sa dé-
sespérante lenteur.

Voyez-vous dans cette plaine ce laboureur avec
ses deux bœufs ? Vient-il vers nous ou va-t-il en
sens opposé ? Regardez bien et longtemps... Allons,
ne vous impatientez pas ; avec la patience vous parviendrez à reconnaître s'il va vers le Nord, ou s'il
se dirige vers le Sud ?... Je vois facilement le *facies*
de l'homme, je distingue l'élégante coiffure des
bœufs, ils relèvent un de leurs pieds à chaque mi-
nute ; décidément il vient vers vous et en allant de
ce train, et Dieu aidant, il tracera bien une raie

par chaque heure de travail, et parviendra ainsi à labourer dans tout le jour dix ares de terrain.

Voyez comme sa marche est gracieuse et comme il se sert bien des jambes de derrière; à un mètre de distance, il courbe les plants de votre vigne bien-aimée et vous l'écrase sous son pied pesant et volumineux.

Voyez aussi comme il est grâcieux dans ses jeux et dans ses escapades ; il vous présente, avec une coquetterie toute particulière, ses cheveux longs et acérés et malheur à vous, si vous n'êtes armé d'un lourd bâton ou doué des jambes d'un lièvre.

Quels sont ces cris déchirants, cette course effrayante ? C'est la fille ou la femme de votre fermier qui porte un jupon ou un mouchoir rouge et comme cette couleur déplaît au bœuf, elle va être piétinée, moulue et peut-être tuée par ce noble animal.

Mais il ne rue pas au moins ? Oui ; vous pouvez passer derrière lui tant que vous le voudrez, mais si vous marchez côte à côte, il vous caressera avec son pied et si vous ne connaissez pas l'effet produit par un coup de massue sur un de vos membres, vous le saurez exactement alors.

Oui... ce sont bien là des défauts, mais qui n'en a pas. La perfection n'est pas dans ce bas monde.

Au moins il est frugal ? Il est sobre? Vous dites vorace et mangeant comme un bœuf, à la bonne
heure.

Donnez-lui à discrétion un grenier regorgeant de
foin ? Dans peu de temps il vous aura opéré un vide
à faire plaisir.

Mettez-le au vert? Il ne s'accusera point comme
l'âne de la fable, d'avoir tondu d'un pré la largeur
de sa langue ; il vous tondra chaque jour des cent
mètres d'herbage et ne se rendra au travail ou à
l'étable que contraint et forcé. Ayez un arbre
jeune, un mûrier, un arbre fruitier, auxquels vous
teniez beaucoup? Aussi capricieux et plus destruc-
teur qu'une chèvre, avec sa langue, il vous brise
les tiges et les engloutit dans son estomac insatiable.

Somme toute, dans le siècle où nous vivons, tout
progresse, tout tend à aller vite, vite et le bœuf
ne peut et ne veut aller que lentement ; il est en
retard, il n'est plus à la hauteur de sa mission, il
dégénère. Qu'il accepte alors son sort et se contente désormais de rester à l'étable. Là, il pourra sa-
vourer à satiété le plaisir de bien manger et surtout
d'être engraissé ; il deviendra alors d'une utilité
incontestable et incontestée en offrant aux masses
sa chair saine et tendre et aux gourmets son aloyau
devant lequel je m'incline.

L'origine des mulets est assez obscure; je n'ai jamais lu qu'un Empereur, qu'un chef quelconque, que le moindre roitelet ait daigné l'enjamber. Il ne doit pas être non plus fier de sa naissance ; car il provient d'un croisement et d'un mélange de race et Dieu en le créant lui a imprimé un cachet de punition, lui disant : tu ne procréeras point et en signe de cette punition, tu porteras les oreilles bien longues et toujours basses. Pourquoi Dieu lui a-t-il infligé cette punition? C'est là un mystère pour moi, et je ne saurais dès lors vous l'expliquer.

Têtu et vicieux, il donne souvent et sans contrainte un libre cours à ses envies et à ses penchants.

Quels sont ces cris discordants et ces coups de fouet qui déchirent l'air et les oreilles ? C'est votre mulet qui s'est mis dans la tête de ne pas aller plus loin et il faut une main habile et pesante en même temps pour le faire changer d'idée, et surtout être aussi entêté que lui, pour lui faire reconnaître qu'il doit obéir; ce qui n'est pas précisément une petite besogne.

J'entends tempêter et jurer dans les écuries; qu'est-il donc arrivé? C'est votre mulet qui a failli briser la jambe de son conducteur; grâces à Dieu nous en sommes quittes pour la peur, n'en parlons plus. Huit jours après, vous entendez des cris sourds

et plaintifs; c'est encore votre mulet, qui cette fois
a réussi dans ses projets perfides; il vient par un
coup de pied de briser la jambe de votre domestique; un ou deux centimètres plus haut, le coup
étendait raide mort votre homme.

Vous rencontrez sur la route par hasard un cheval portant sur son dos une femme ou des enfants;
votre mulet est pris subitement d'une passion lubri-
que terrible et se dressant aussitôt sur ses jambes
de derrière, se précipite sur ce cheval. Vous ne par-
venez à le ramener à son devoir qu'à grands coups
de trique ou de fragments de rocher; heureux si
quelque malheur n'est pas arrivé.

Avouez que ce sont là des émotions dont on se
passerait fort bien.

Mais il est sobre? Pensez-vous par hasard le
nourrir avec de l'air et avec de vieux journaux? Es-
sayez; la réussite serait curieuse, mais ne vous y
trompez pas. Ayez un mulet de taille, et vous ver-
rez qu'il vous mangera autant qu'un cheval de taille
semblable, et si toutefois il existe une différence,
ce que je n'admets pas, elle est annihilée par les
mauvais penchants, par l'entêtement, par les rua-
des et par la lenteur du mulet.

Mais il est dur et résiste mieux à la fatigue? J'en

conviens, mais avant expliquons-nous sur le genre
et sur l'espèce des fatigues.

Porter longtemps des poids lourds et considéra-
bles sur le dos, par des sentiers à peine battus, ou
dans des plaines fangeuses ; traîner des charrettes
par des chemins défoncés du matin au soir, avec
une pluie diluvienne ou une chaleur tropicale, voilà
des fatigues peu ordinaires. Je suis convaincu que
le mulet s'acquitte là, parfaitement de sa tâche ;
mais, sont-ce bien les fatigues qu'exigent les travaux
d'une ferme agricole ? Aux premières gouttes d'un
orage, les laboureurs s'empressent avec raison de
rentrer leurs bêtes à l'écurie. Le terrain est-il im-
prégné d'eau ? Il serait d'une très mauvaise agriculture de chercher à le défoncer, et les bêtes restent à l'écurie. Il pleut, repos. Les chaleurs sont
accablantes, on laboure le matin et le soir avec la
fraîcheur. Ainsi donc, la dureté du mulet au travail, n'est presque d'aucune utilité pour l'exploitation d'une ferme agricole et on ne saurait dans aucun cas la mettre à un profit réel.

Je ne dirai rien sur l'origine du cheval ; à sa noble allure chacun la connaît ou la devine. Compagnon et ami de l'homme, il ne demande qu'à s'atta-
cher à lui et à dépenser son intelligence, sa force et
son activité à son service ; parlez-lui, il vous écou-

tera et même il vous répondra ; commandez-le , il vous obéira à l'instant ; marchez devant lui, il vous suivra sans jamais vous quitter ; peu lui importent les travaux à faire, il est toujours disposé à vous obéir avec une égale promptitude.

Faut-il labourer, il laboure ; faut-il traîner la charrette, il la traîne ; mettez-le à votre véhicule de famille, comprenant alors toute l'importance de sa mission, il change d'allure et de pas et se laisse conduire partout où vous le dirigez. Un geste, une parole lui suffisent pour savoir ce qu'il doit faire. Quelques espiègleries, quelques jeux qui tendent à vous montrer sa joie et sa vigueur, mais jamais ou très rarement des projets homicides ; il pèchera par fois, il est vrai, par ignorance ou par oubli, et la correction la plus légère suffit pour le ramener à son devoir. En un mot, en ayant un cheval à votre ferme, vous compterez un serviteur fidèle et dévoué de plus, qui ne pèchera jamais par la paresse ou par l'ingratitude.

En résumé, un bœuf mange une quantité énorme de fourrage dans l'année et même pour l'entretenir en bon état, il faut lui donner du sel et de la farine d'Ers.

On ne doit pas tenir compte des repas qu'il prend

au champ, parce que ces repas sont plus coûteux, tout bien calculé, que s'il les prenait à l'étable.

Il est trop lent et partant il fait peu de travail.

On ne peut guère l'utiliser que pour les labours.

Son fumier est sans force et de mauvaise qualité.

Un mulet de taille mange autant qu'un cheval de taille égale.

Il est moins lent que le bœuf, mais il n'est pas, règle générale, assez leste pour tous les travaux agricoles.

Il est têtu par excellence et vicieux à effrayer.

Il est d'un commandement difficile et dangereux, et suscite à cause de ses vices et de ses instincts, des retards, des frais et souvent des sinistres.

On ne doit lui tenir aucun compte de sa dureté au travail, parce que dans l'exploitation d'une ferme, on ne le met jamais à une épreuve excessive.

Et pour en finir avec le mulet, on prétend et j'en suis convaincu, que le plus sage a tué son maître.

Le cheval, au contraire, joint à l'élégance la force et l'agilité; il fait bien et vite tous les travaux agricoles.

Docile et intelligent, il est d'un commandement facile.

Il est l'ami et le serviteur de l'homme.

Il remplit presque toujours deux buts : cultiver vos champs et conduire votre voiture.

Ses engrais sont les plus violents et les meilleurs.

C'est donc le cheval qui, sous tous les rapports et à tous égards, doit être choisi pour l'exploitation d'une ferme.

Je ne veux pas terminer cet opuscule sans faire connaitre l'étendue de terrain que labourent les quatre chevaux que j'entretiens, les semences qu'ils enterrent et le coût annuel de leur nourriture.

Ils labourent chaque année 28 ou 30 hectares de terrain complanté en vigne ou oliviers, et je ne sème jamais, sans que le sol ait eu au moins trois coups de charrue.

En semant, ils labourent au fourcas ou à la petite charrue et je fais ainsi quatre araires. Je sème annuellement, dévançant souvent mes voisins, 13 charges de blé ou soit 2,080 litres ; 14 charges ou soit 2,740 litres d'avoine.

Ils me font, en outre, tous les travaux que nécessite ma propriété et un d'entr'eux est souvent à ma disposition, pour les affaires ou les voyages qu'exige la position d'un propriétaire.

J'ai calculé qu'ils mangeaient pour les entretenir en bon état, en fourrage (mêlé moitié foin, moitié paille) 12 kil. par cheval soit les quatre 48 kil., et par année 17,368 kil. ou soit 450 quintaux, dont 200 foin et 250 paille.

Je leur donne trois fois par jour un picotin ou deux litres d'avoine, ou soit un panal et demi ou 24 litres par jour ; et par année, 8,784 litres ou 55 charges environ.

Donc, un cheval mange 125 quintaux (mêlée) ou soit 5,000 kil.

Le foin à 3 fr. et à 1 fr 50 cent. la paille, terme moyen, 2 fr. 25 c., font un total de 251 fr. 25 c.

14 charges d'avoine, ou soit 2,240 litres à 18 fr., 252 fr., total : 503 fr. 25 cent., ou soit par jour, 1 fr. 40 cent.

Attelés à sept heures du matin, durant les labours, ils quittent à midi; ils recommencent à deux heures jusqu'à ce que le soleil ait complètement disparu, et ils labourent un jour l'autre non un tiers d'hectare.

Pendant les semences, au jour ils sont attelés jusqu'à onze heures; ils recommencent à une heure et continuent jusqu'à la nuit; et ils enterrent ainsi facilement douze panaux ou soit 192 litres chaque jour.

Je ne pense pas qu'il y ait des incrédules, si cependant il y en a, ils peuvent venir s'en assurer, et comme Thomas ils verront et ils toucheront, et ils reconnaîtront surtout qu'il serait bien difficile d'obtenir ce travail avec des mulets, et tout-à-fait impossible avec des bœufs.

Je vois une foule de ménagers ou de propriétaires n'ayant à labourer que huit ou dix hectares par an, nourrir deux mulets et deux bœufs pour faire ce travail ; d'autres ayant 12 ou 14 hectares, employer quatre bœufs et deux mulets ; il est vrai que mulets et bœufs restent à peu près les deux tiers de l'année dans les écuries à manger inutilement un fourrage précieux ; qu'ils sont levés de leur labour à chaque instant pour des riens ou des misères ; ne serait-il pas de meilleure agriculture de n'avoir que deux bons chevaux et les tenir constamment aux labours ; ils s'acquitteraient avec la plus grande facilité et haut le pied de cette tâche. Et le surplus de fourrage servirait à élever des juments ou des ânesses poulinières, ou des vaches, qui outre le produit de leur veau, donneraient du lait en abondance qui servirait à la consommation de la ferme ou à la vente.

Je pose en principe et je donne comme une vérité que, deux chevaux de la race dite percheronne ou de Saint-Bonnet, en les laissant à partir du premier janvier jusqu'en septembre au labour, donneront à

un sol de 18 hectares trois coups de charrue par an
et je le prouve.

Admettons que dans chaque mois il n'y ait que
vingt jours de travail à cause des intempéries de la
saison et des jours fériés ; dans les neuf mois vous
avez encore 180 jours de travail, ils laboureront un
tiers d'hectare par jour, ils resteront par consé-
quent 54 jours pour donner le premier coup de
charrue.

Au deuxième, il ne resteront guère que 50 jours,
et au troisième, rien ne vous empêche de les faire
labourer chacun à une petite charrue ; ils vous
feront deux fois autant de travail et ils ne resteront
guère que 27 jours, ce qui vous donne un total de
131 jours de travail ; il vous restera encore 50 jour-
nées environ que vous utiliserez à des travaux di-
vers, tels que charrier les gerbes, les fouler et ven-
danger.

En semant, ils feront vos semailles facilement
dans trente jours, attelés à une petite charrue ou
au fourcas.

Vous les aurez ensuite à votre disposition pendant
les mois de novembre et décembre pour faire tous
travaux et tous charrois que nécessitent les besoins
de votre ferme..

Que les propriétaires ou fermiers réfléchissent

sur les considérations et les faits que je viens de
leur soumettre, et ils seront convaincus de la vérité
de mes assertions; ils changeront alors à coup sûr
leur système vicieux et coûteux (l'entretien des
bouches inutiles), ils atténueront leurs frais d'exploitation, ils augmenteront d'autant leurs revenus.
Ils feront en outre de la bonnne agriculture et actes
d'agronomes intelligents.

Conseils.

Lorsque vous avez de bons domestiques ne les
changez jamais si faire se peut; dans tous ces chan-
gements vous ne changez que de nom et de figure,
et vous tombez toujours de mal en pis, de Charybde
en Scylla.

Soyez doux et poli à leur égard; vos procédés
qui diffèrent des leurs leur profiteront toujours.

Prenez part à leur conversation; inculquez-leur
peu à peu vos idées sur l'agriculture; redressez avec
adresse leurs mauvais penchants et détruisez en
plaisantant leurs préjugés.

Expliquez-leur souvent avec calme et lucidité la
manière dont doivent se faire les travaux agricoles,
et ne craignez pas les redites.

Etudiez avec soin leur caractère et leurs habitudes; les uns veulent être encouragés, d'autres flattés; d'autres enfin menés un peu rudement; mais règle générale, on obtient plus par la persuasion et par le raisonnement que par la violence et que par les paroles trop dures.

Payez-les convenablement, parce que le haut prix que vous leur donnnez, vous autorise à exiger un travail proportionnel, et mus par l'intérêt, ils chercheront à vous contenter.

N'ayez pas toujours des yeux pour l'homme laborieux et intelligent, mais soyez sévère envers le fainéant et le lambin ; ils sont à une ferme ce qu'est aux autres oranges l'orange gâtée de la fable.

Estimez-vous heureux d'avoir la fortune et l'instruction en partage et dès lors gardez-vous de leur rappeler leur position subalterne, et d'employer à leur égard des paroles grossières et injurieuses ; ils sont hommes comme vous, et à ce titre vous les mettriez dans le cas de se servir des mêmes moyens.

Ne gardez qu'un jour au besoin les insolents et les raisonneurs grognards.

Leurs mets doivent être soigneusement et proprement apprêtés, et sauf la différence, ils doivent l'être dans les mêmes conditions que les vôtres.

Ils doivent toujours se composer de la soupe et

d'un plat, matin et soir; à midi, quelquefois d'un plat, mais le plus souvent d'un morceau de fromage; des fruits secs l'hiver, et l'été des fruits de la saison, et toujours de l'aïl et de l'ognon à discrétion.

Une bonne ménagère doit avoir le soin d'apprêter les mets plus abondants le soir, pour qu'il en reste pour le déjeûner et n'avoir qu'à les faire réchauffer le matin. Variez chaque jour leur nourriture; il est bien facile dans une ferme de ne donner le même met qu'une fois dans la semaine.

Sachez à propos, après quelque grand travail, ajouter à leur plat ordinaire un lapin domestique ou la poule classique; ils boiront à votre prospérité et vous en seront reconnaissants au besoin.

Ne leur donnez jamais ni le vin aigre ni le vin tourné; cette boisson nuit à leur santé et n'est point une économie. Le vinaigre se vend plus cher que le vin et le vin tourné est assez bien payé par les distillateurs.

Laissez-leur même au besoin, après quelques jours d'essai, le vin à discrétion; j'ai remarqué qu'ils en buvaient moins que si vous les régliez, et surtout si vous mélangiez le vin avec l'eau.

Qu'aux heures du repos en arrivant à la ferme, leur table soit garnie de tout ce qui doit servir à leur nourriture.

Donnez-leur tous les soirs exactement les ordres pour le lendemain.

Vous parviendrez ainsi à mettre votre ferme sur un bon pied, à avoir des hommes intelligents et laborieux et à émousser la plus grosse épine de l'agriculture, *la difficulté d'un bon personnel.*

UNE ANOMALIE

ou

CONTRE-SENS DANS L'AGRICULTURE.

Il existe des propriétaires, jeunes et vigoureux, habitant depuis le 1er janvier jusqu'au 31 décembre leur propriété, qui afferment leur terre à mi-fruit, c'est-à-dire, qu'ils en confient l'exploitation, le commandement absolu à un fermier. Ils se donnent ainsi un *alter ego*, qui a les mêmes pouvoirs qu'eux-mêmes, et qui a surtout la direction souveraine de l'exploitation agricole.

Les premiers jours du bail, tout marche à merveille. On a le phénix des fermiers, et le fermier a rencontré le modèle des maîtres. Un mois s'écoule, on échange quelques observations plus ou moins

amicales, plus ou moins opposées. Trois mois après,
à coup sûr, la froideur arrive, on a découvert réci-
proquement des défauts de caractère ou d'habitudes
vicieuses ; ici, ne vous y trompez pas, vous marchez
sur le même sol, et au même niveau, car le jour
où le fermier prend possession de la ferme, il se dit,
et il a presque le droit de se dire, je suis aussi maître que le maître lui-même.

Fermier, il y a quelques tas de pierres qui gê-
nent pour labourer, si vous vouliez faire un voyage
avec le tombereau, vous les enlèveriez facilement.
C'est vrai, mais je suis pressé par les labours, et je
n'en ai pas le temps. Cette réponse évasive vous
aigrit tant soit peu.

Les fruits disparaissent, les planches de jardinage, également partagées, se dénudent plus ou
moins dans une partie ou dans l'autre : nouveaux
motifs de froideur.

Vos labours sont légers et superficiels, fermier ?
—Non, Monsieur, dit-il, ils sont bien faits, et je dois
surtout et avant tout les proportionner à la force de
mes bœufs ou de mes mulets, qui sont ma propriété.
— Vous êtes en retard de vos travaux, les labours
ne se font pas en temps convenable ?—Morbleu !
vous répond-il de nouveau, votre observation au-

rait quelque fondement, si nous étions à la fin septembre.

Les fossés ne sont pas tous nettoyés, les ganses de vos champs ne sont pas labourées; même quelquefois, à cause de votre inexpérience, vous aurez fait des réflexions inutiles ou sans grande importance, vous êtes bien aise de le dire. Décidément, vous riposte-t-il, vous êtes un grognon, vous ne faites que dire, que criailler sans motif pour des riens du matin au soir.

La corde alors trop tendue se brise, et la brouillerie s'ensuit. Que faut-il faire alors? Il faut avoir recours, puisque les voies parlementaires et les relations ont cessé, à une expertise pour estimer les travaux, ce qui est bien pénible, ou citer votre *alter ego* devant la justice du lieu, ce qui est encore plus pénible.

Qui peut se faire alors une idée assez juste de la position exceptionnelle du propriétaire et du fermier! Habitant la même ferme, souvent isolée de toute habitation, respirant le même air, et foulant à chaque instant le même sol, se coudoyant vingt fois par jour, et ne se parlant plus qu'avec de gros mots ou avec le papier timbré! Le domaine paisible et calme est transformé en un lieu de tourments et de vociférations; en un mot, c'est un véritable enfer. Vous levez vos mains vers le ciel à chaque heure du jour, chacun de votre côté, pour supplier Dieu de dévancer les mois et surtout les années qui doivent amener la fin du bail.

Cette fin de bail si désirée arrive, un autre fermier vient remplacer votre bête noire ! Vous vous croyez à tout jamais débarrassé de vos tracasseries, vous croyez pouvoir vivre en paix chez vous, hélas ! erreur, erreur complète ! vous n'avez changé que de figures, et vous êtes tombé de Charybde en Scylla.

Cela a toujours été ainsi, et cela malheureusement sera encore longtemps ainsi. Le fermier cherche, par une culture légère, relative, et proportionnelle à son bail de deux ou quatre ans, à retirer autant que possible de la ferme qu'il exploite. Le propriétaire, vivant côte à côte avec le fermier, reconnaît facilement l'intention et l'abus, il cherche de son côté à l'empêcher par des remontrances journalières, puis par des paroles vives, et enfin par les moyens que la loi et le droit de propriété mettent en son pouvoir. De là, division d'intérêt, brouilleries, et souvent procès ruineux.

Un propriétaire à la fleur de l'âge, qui habite toute l'année sa terre, doit nécessairement et forcément aimer cette terre. Or, s'il l'aime, il doit tout faire pour la mettre dans un état de brillante

prospérité, et il ne peut parvenir à ce résultat
qu'en exploitant par lui-même, et s'il ne le fait pas,
c'est qu'à coup sûr il n'a pas l'intelligence voulue ;
c'est qu'il est frappé d'ineptie, ou qu'il est dominé
par un profond dégoût des choses de ce bas monde.
Alors il ne lui reste plus que cette règle de condui-
te : se mettre paisiblement à la remorque de son
fermier ; tenir continuellement les yeux fermés sur
tous les travaux de sa propriété ; tout accepter de
la part de ce fermier, comme le *nec plus ultrà*
d'une bonne agriculture ; faire ses trois repas en
vrai chanoine, et dormir la nuit et une partie du
jour comme le vrai juste de l'Ecriture. Qu'il ne se
plaigne jamais, et qu'il soit sourd, muet et aveugle,
et surtout qu'il ne vienne pas faire des dissertations
agricoles, et parler de ses expériences, car on lui
répondra sans ménagement : Vos paroles jurent avec
vos faits ; vous ne faites là que l'office d'un perro-
quet ; vous répétez ce que vous avez lu, ou en-
tendu dire, et vous êtes incapable de le mettre en
pratique. Vous ne faites rien par vous-même ou par
votre direction ; vous ne vous rendez aucun compte
des travaux agricoles, de la végétation des arbres
et des plantes ; vous ne connaissez pas leur culture
spéciale ; vous ne savez pas même quand il faut faire
un semis de carottes ; vous parlez même de consul-

ter la lune pour cela faire. Vous faillissez à la mission que Dieu à donnée à tout être vivant, vous êtes
en un mot, une nullité, un zéro en agriculture, et
là où tout autre que vous trouve la joie et la paix,
vous n'y trouvez que l'ennui et le dégoût. Renoncez
alors à l'agriculture et à la campagne; allez prendre
gîte dans une ville, et là, par le contact, une spé-
cialité peut se développer chez vous, et vous de-
viendrez peut-être de quelque utilité à la société.

Règle générale, et sauf quelque rare exception,
il est impossible qu'un propriétaire, restant toute
l'année dans sa terre, puisse vivre longtemps en
bonne intelligence avec le fermier à bail de 2 ou 4
ans. Le contact de tous les jours, la surveillance,
les observations, finissent toujours par fatiguer, en-
nuyer, et provoquer la froideur. Le partage des
denrées, du jardinage, les poules et leurs poussins,
les œufs, amènent toujours quelque discussion irri-
tante; les retards et la légèreté des travaux en
grand amènent une brouillerie complète, et une
fois arrivé là tout va de mal en pis, et la tranquillité
et les agréments de la campagne disparaissent pour
longtemps.

Voulez-vous éviter cet écueil terrible ? Que le propriétaire ayant les moindres connaissances agricoles,
un germe quelconque d'activité, et la plus petite

étincelle du feu sacré de l'agriculture, exploite par lui-même la terre qu'il habite. Tout changera par enchantement. Le dégoût disparaîtra, le sol prendra un autre aspect, les arbres lui deviendront plus chers, les plantations qu'il fera prendront presque rang dans sa famille ; dans quelques années il aura doublé la valeur de la terre. Son existence sera calme et heureuse, il coulera des jours sans ennui et dans une douce aisance, qui lui sera d'autant plus chère qu'il pourra se vanter avec fierté d'en être l'auteur, et il détruira ainsi cette anomalie, ce contre-sens de l'agriculture (de faire de l'agriculture par la voie d'un fermier, qui ne veut recevoir ni conseils ni observations), et il deviendra à coup sûr un agronome intelligent, dont les essais pratiques pourront être utiles à ses semblables.

TABLEAU

Explicatif des diverses mesures usitées dans le Var, principalement, et calculées sur le système décimal.

—

Le Vin.

Depuis Toulon jusqu'au Luc, on parle à charge et à boute.

La charge est de deux barils de 33 litres 1/3 chacun ou soit 66 litres 2/3, les trois barils font l'hectolitre.

La boute est de huit charges ou soit 533 litres.

Depuis Vidauban jusqu'à Nice on parle à coupe.

La coupe est de 32 litres ; les deux coupes représentent la millerole ou soit 64 litres et la boute n'est que de 512 litres.

A Flassans, Besse, Cabasse, etc., la charge est de 63 litres, et la boute n'est que de 504 litres.

A Carcès, Cotignac, etc. ; la charge n'est que de 60 litres et la boute de 480 litres.

Les Huiles.

La coupe est de 32 litres.

Le quartin est de 17 litres.

Le rup de 8 kil.

Le quintal de 100 livres ou soit 40 kil.

Les Céréales.

La charge est de 160 litres.

Le panal   —   16 lit. ou le 10me de la charge.

Le picotin —   2 lit. ou le 80me de la charge.

Je dois dire de nouveau en terminant, ce que j'ai dit au début de cet ouvrage.

Je n'ai voulu faire qu'un abrégé de l'*Agriculture Provençale,* aussi sommaire, aussi succinct que possible.

A mes critiques ou à mes contradicteurs loyaux et de bonne foi, je leur dis : suppléez à ce qui manque à mon travail, faites mieux, et je m'empresserai non seulement de m'incliner, mais je serai un des premiers à prôner partout le mérite et l'utilité de votre œuvre. Je réponds ainsi d'avance aux observations et aux reproches que l'on pourrait m'adresser sur la briéveté des matières traitées.....

Et je termine en disant pour mes excuses et pour ma justification à mes lecteurs amis,

Intelligenti pauca.

TABLE DES MATIÈRES

DU

VADE MECUM.

———

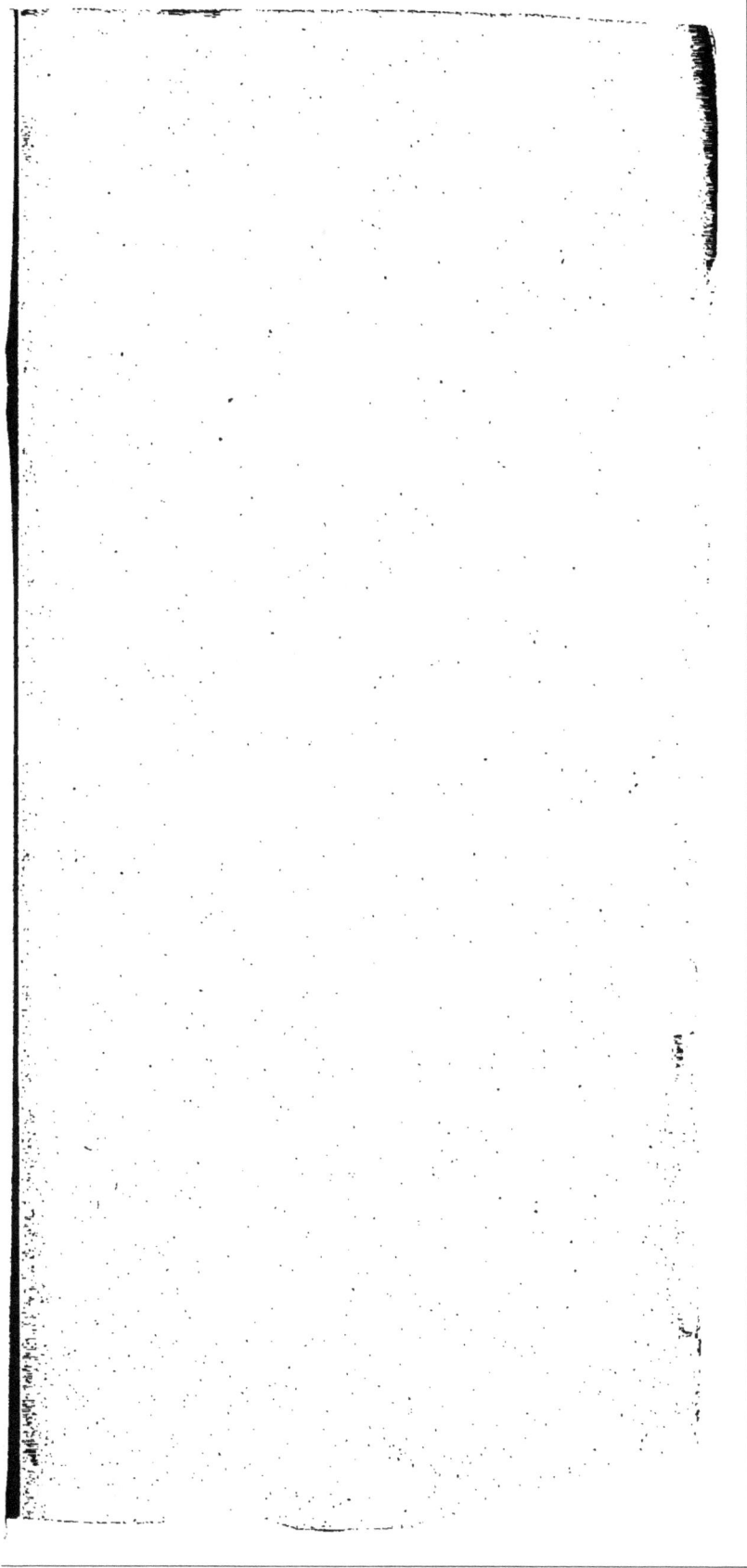

SOUS PRESSE

POUR PARAITRE PROCHAINEMENT,

Un ouvrage du même auteur sous le titre de :

ESSAI D'UN TRAITÉ

DE

L'AGRICULTURE PROVENÇALE

www.ingramcontent.com/pod-product-compliance
Lightning Source LLC
Chambersburg PA
CBHW071907200326
41519CB00016B/4523